子犬工場

いのちが商品にされる場所

大岳美帆

WAVE出版

もくじ

プロローグ　目が見えない犬　4

第1章　子犬がつくられる工場　9

ボロボロだったカヤの体　10

保護シェルターにいる犬たちの正体　15

犬の出産　21

パピーミルって？　24

お母さん犬のひさんな生活　30

第2章　子犬たちの運命　41

子犬の市場　42

ペットショップの子犬たち　46

ペットショップから買った犬　53

第3章 すてられる犬たち 65
売れ残った犬たちは、どこへ？ 61
ペットを守る法律 66
そんな理由ですてるのですか？ 76
安楽死ではありません 86
すてられる犬をふやさないために 100
第4章 いのちを救う 115
パピーミルからの引き出し 116
新しい飼い主さがし 128
きびしいじょうけん 138
いのちのバトン 143
エピローグ いっしょにしあわせになるために 152

プロローグ

目が見えない犬

いま私が、いっしょにくらしている犬は、目が見えず、耳も聞こえません。名前は「カヤ」といいます。

アメリカン・コッカー・スパニエルという種類のメス犬で、二年前に、ある動物愛護団体から、引きとりました。そのときに「六歳か七歳だ」と聞かされたので、いまは九歳くらい。人間でいうと、五十歳くらいでしょうか。

私は、その動物愛護団体のシェルター（保護をした犬や猫をおいておく施設）に、ケージ（ペットを入れておくカゴ）のそうじや、犬たちのさんぽの手つだいに行っていました。

シェルターの建物の中には、たくさんのケージが、二段につまれてならんでいて、聞けば、犬は五十頭以上いる、ということでした。

そのほとんどが、ペットショップのショーケースにいるような、小型の人気犬種です。

「なんで、こんなにたくさん、純血種の犬たちが、ここにいるんだろう」

私には、それがとてもふしぎでした。

はじめてシェルターをたずねた日のことです。私はケージに入っている犬を、あいているケージにうつして、いままでその犬が入っていたケージを、そうじしていきました。

すると、少し大きめのケージの中で、投げすてられているぞうきんのように、よごれたまま、ぐしゃっとうつぶせている、うす茶色の中型の犬がいました。

あまりに不自然なかっこうだったので、死んでいるのかと思いました。

アメリカン・コッカー・スパニエルという種類の犬で、犬の下にしいてある新聞紙も、ウンチやオシッコでよごれていました。

　よく見ると、せなかがゆっくり動いています。

「ああ、よかった。息をしているわ」

　私は、そばにいたボランティアの先輩に、

「この犬のケージも、そうじをしていいのですか」

　と聞いてみました。すると、

「ああ、この子ねえ、両目とも見えないし、耳も聞こえないらしいの。どうするのかなあ」

　と言うのです。

「えっ？　まったく見えないんですか」

「そうなの。倒産したブリーダーから、引きとってきた繁殖犬なんですって。先月、保護されてきたのよ」

　先輩はそう言ったきり、だまってしまいました。

犬のブリーダーというのは、子犬をうませて、飼育して売る商売をしている人のことです。

そして、繁殖犬というのは、子犬をうむために、飼われているお母さん犬、お父さん犬のことです。（繁殖というのは「子どもをつくる」という意味です。）

「繁殖犬」ということばを、それまで耳にしたことはあっても、「これが繁殖犬よ」と言われて、じっさいに見たのは、はじめてだったかもしれません。

この犬は、目も見えず、耳も聞こえないのに、子犬をうんでいたのでしょうか。生まれつき、目が見えないのかしら。それとも、病気やケガで、とちゅうから見えなくなったのかしら。

どちらにしても、目が見えないのなら、早くそうじしてあげなければ、ウンチまみれになってしまいます。

私はその大きめのケージに、上半身をすべりこませました。すると、目をさましたその犬が、私にぐいっと、体をおしつけてきたのです。

その強さに、私は少しうろたえました。

もうわかりますよね、この犬がカヤです。

これからするのは、ペットショップで売られている、かわいい子犬たちのお母さん犬、つまり繁殖犬のお話です。

第1章

子犬がつくられる工場

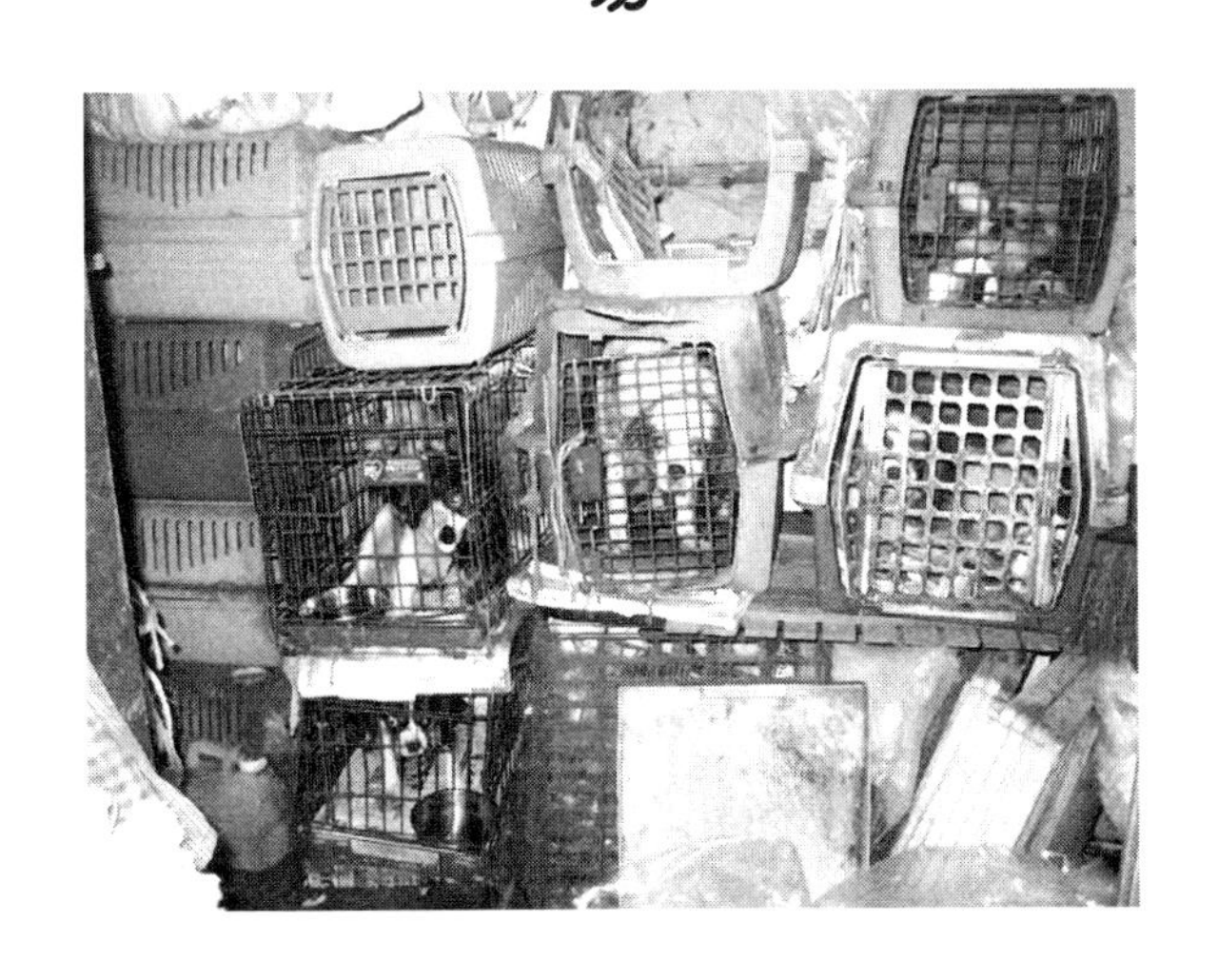

ボロボロだったカヤの体

はじめて私のうちに来た日、カヤは同じ場所で、ぐるぐる、ぐるぐる回りつづけていました。

そして、私が近くにいないことに気づくと、

「ワォ、ワォ、キューン」

と何度も鳴きました。目が見えないので、どこにつれてこられたのか、不安でいっぱいだったのです。

私はすぐに獣医さんに、カヤをしんさつしてもらいました。

「カヤちゃんの目が見えないのは、生まれつきではないでしょう」

目の病気になったのに、ほうっておかれたために、とうとう見えなくなったのだろうと言うのです。

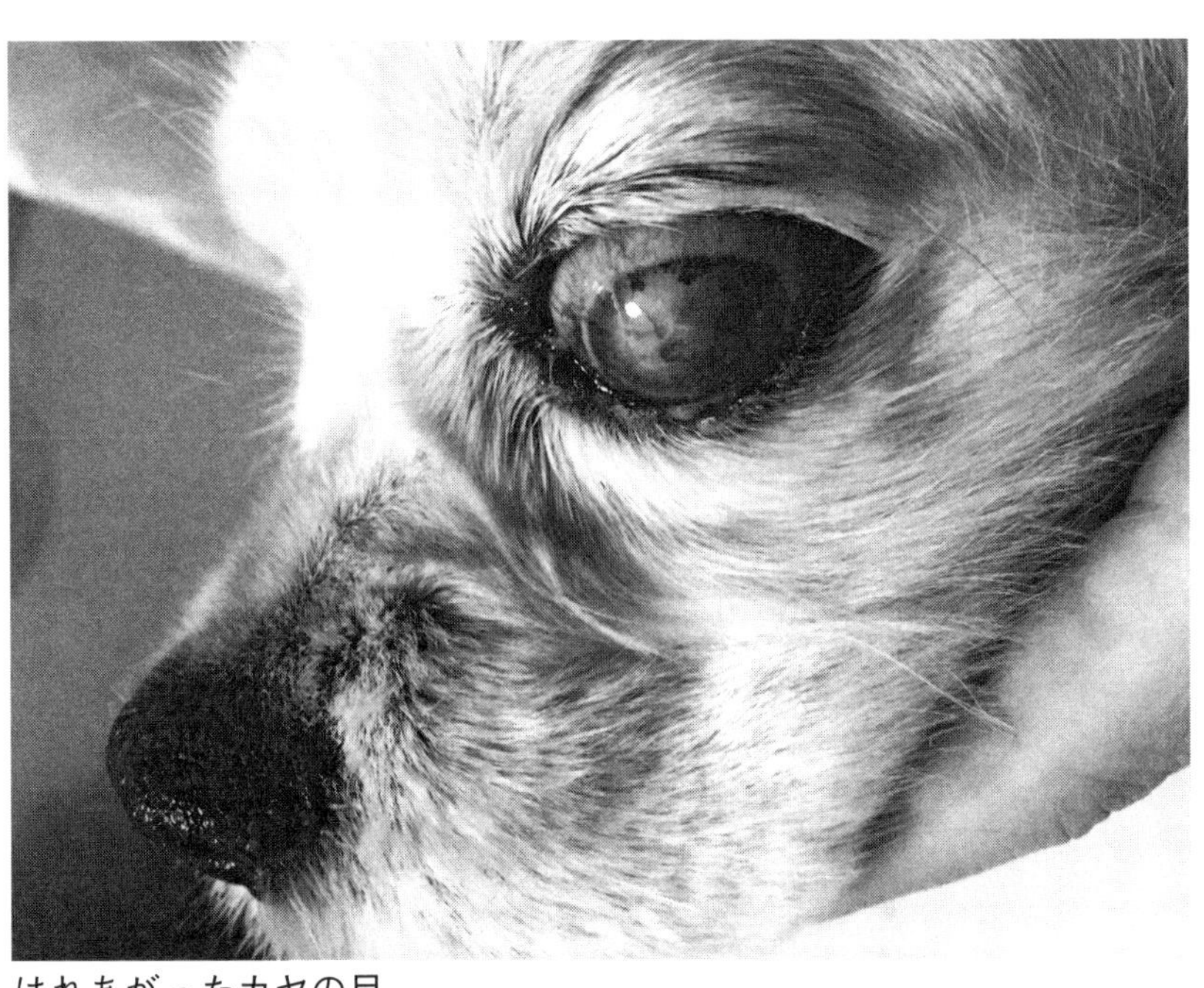
はれあがったカヤの目。

両目とも、目の玉が飛び出したように、はれていたので、ずいぶんいたかっただろうなと思います。

そして、両耳とも、バイ菌とよごれで、まっ黒でした。そのために、よく聞こえなくなってしまったのです。よごれているだけでなく、すっぱいような、くさいにおいが、ただよってきます。

「ここまでひどいと、すぐには、なおらないでしょう」

と、獣医さんが、もうしわけなさそうに言いました。

口の中を見ると、歯もガタガタでした。

すりへっていて、形がよくわからない歯や、茶色っぽいよごれが、こびりついた歯が、何本もあります。白くて、きれいな歯なんて、一本もありません。

本当なら、犬の歯は四十二本ありますが、カヤの歯は、その半分もないかもしれません。下のあごは、曲がってしまっています。

何回も赤ちゃんをうんだのに、たっぷりと栄養のあるエサを、もらっていなかったのだと思います。もちろん、歯みがきなんて、してもらったこともないでしょう。


手でおなかをなでてやると、おっぱいのまわりに、ぼこぼこしたできものがいっぱいありました。

「おっぱいのまわりに」と書きましたが、みなさんは、犬におっぱいがいくつあるか、知っていますか?

犬のおっぱいは、胸からおなかにかけて、たてにならんでいて、右がわと左がわに、五つずつあります。

カヤのできものは、とくに左がわに、たくさんありました。

もし、がんなどの悪い病気だったら、たいへんです。そこで、左がわの五つのおっぱいはぜんぶ、手術で切りとることになりました。

手術の日、私は朝から心配でたまりませんでした。なにしろ大手術です。

「ぶじに手術が終わった」という連絡を受けて、カヤをむかえに行くと、獣医さんが、

「ずいぶん何回も、赤ちゃんをうまされたんですね」

と言いました。

おなかをあけると、子宮(お母さんの体の中で、赤ちゃんが育つ場所)が、よれよれのじょうたいだったのです。

カヤの体はボロボロでした。

獣医さんは私に、とり出した子宮を見せてくれました。それは使い古されて、赤黒く、よどんだ色をしていました。

こんなにボロボロの体になるまで、カヤがうみつづけた子犬たちは、いったい、どこに行ったのでしょうか。

一生いっしょにいてくれる、やさしい飼い主に、めぐりあうことができたでしょうか。

カヤの子犬たちのことを考えたとき、カヤといっしょにシェルターにいたほかの犬たちのことが、頭にうかびました。

保護シェルターにいる犬たちの正体

ふつう、飼い主にすてられたり、迷子になったりした犬や猫たちは、保健所や動物愛護センターという市町村の施設に、入れられます。

動物愛護団体では、そういう施設や、どうしても飼えなくなってしまった人から、直接たのまれて、犬や猫を引きとり、新しい飼い主をさがす活動をしています。

私が手つだいに行った動物愛護団体のシェルターには、ペットショップにかならずいる、人気のトイ・プードルや、チワワ、ミニチュア・ダックスフンド、シーズーなどの小型犬が、たくさんいました。

「この子たちは、みんな、飼い主にすてられたのかしら。迷子になっても、むかえに来てもらえなかったのかしら」

私はふしぎに思いながら、その犬たちのケージを、そうじしていました。

私が、なにも入っていないケージを、そうじしていたときのことです。だれかが、私のおしりを、ツンツンとつついたのです。

ふりむくと、トイ・プードルが鼻先で、私のことをつついていました。

くるくるとカールした赤茶色のまき毛が愛らしく、人なつっこいひとみで、私を見あげています。そのシェルターでは、ほかの犬と仲よくできる犬は、ケージから出してもらって、自由に遊んでいることがありました。

「なあに？　遊びたいの？」

声をかけると、本当にいっしょに遊んでもらいたいらしく、さそうように、パッと走りだしました。

「あれっ？」

私は、ハッとしました。犬の右の後ろ足が、みじかくちぢこまったまま、ブラブラとゆれていて、地面についていないのです。

それでも、不自由な様子もなく、楽しそうに走りまわっていました。

目の見えないカヤといい、足の曲がったトイ・プードルといい、いったいどうしたというのでしょう。

そのうちに、このシェルターには、ほかにも障害をもっている犬が、何頭もいることに、気がつきました。

そうじをしてあげようと、ケージの中をのぞきこむと、ケージのおくのかたすみに、石のように動かないチワワがいました。

チワワは、世界でいちばん小さいといわれている犬種です。

よく見ると、このチワワには、左の前足がありませんでした。おなかには、たてにもりあがった、太くて長いきずあとがあります。

うるんだ大きな目で、おびえたように、じいっと私を見つめています。はじめて見る私を、けいかいしているようでした。

あとで、この犬がシェルターにつれてこられたときの話を聞きました。

ある日、この愛護団体の電話に、

「あるブリーダーのところに、ぐあいが悪くて、死にそうになっているチワワがいる」

という連絡が入りました。

さっそくそのブリーダーのもとにむかうと、そこには、左の前足と、しっぽがないチワワが、ぐったりと横たわっていました。

おなかは、風船のようにふくれています。

ブリーダーからチワワを引きとって、獣医さんにつれていくと、びっくりするようなことがわかりました。

おなかに八ぴきも赤ちゃんがいて、その半分がもう死んでいたのです。

ブリーダーは、苦しんでいるチワワを病院にもつれていかずに、そのままほうっておいたのです。

なぜかというと、病院につれていけば、治療によけいなお金がかかるからです。

それだけでなく、前足やしっぽのないチワワに、子犬をうませていたことが、ほかの人にばれてしまうのが、いやだったからです。

動物病院では、すぐにおなかを切って、赤ちゃんをとり出す緊急手術をすることになりました。

お母さんチワワは、なんとか死なずにすみましたが、赤ちゃんは八ぴきとも、助かりませんでした。

こうして、チワワはシェルターにつれてこられ、新しい飼い主が見つかるのを待っていたのです。

このチワワはこれまで、きっとつらい目にあってきたのでしょう。

「この人間は、だいじょうぶ」と思えなければ、知らない人間は、こわくてしかたないのです。

シェルターにはほかにも、ひふがまっ赤にただれて、毛がはえていないチワワや、両目ともひとみがまっ白のコーギー、かた目がつぶれたシーズーもいました。

ボランティアの先輩から、

「この子たちのほとんどが、悪質なブリーダーから引きとった繁殖犬よ」

と聞かされて、私はおどろきました。

犬の出産

繁殖犬というのは、前に書いたように、子犬をうむために飼われている、お母さん犬やお父さん犬のことです。

では、犬は、どんなふうにして、子犬をうむのでしょうか。

犬も、私たち人間と同じように、子どもの体からおとなの体へと変化していく間に、赤ちゃんをうむための体のじゅんびが、ととのっていきます。

メス犬が、赤ちゃんをうめるようになるしるしが、「発情」とよばれるものです。

犬の種類によっても、また、同じ種類の犬でも、差がありますが、最初の発情が見られるのは、小型犬では、生まれてから七~九か月、大型犬でも一歳になる前といわれています。

そのころになると、なんとなくそわそわしたり、ちょっとイライラしたり、いつもとちがう様子になって、月経のような出血があります。この、いつもとちがう様子は、だいたい二〜三週間つづきます。

これが「もう赤ちゃんをうめますよ」というしるしです。

同時に「この二〜三週間が、いちばん赤ちゃんができやすい時期ですよ」というしるしでもあります。

犬の場合、最初に、このしるしが見られてから、だいたい半年ごと、一年に二回、発情の期間がおとずれます。

「発情をむかえれば、メス犬は赤ちゃんをうめるようになります」と、書きましたが、最初の発情の年れいでは、骨や筋肉がまだしっかりしていなくて、気持ちの上でも、成長のとちゅうです。

なんといっても、生まれて、まだ一年もたっていないのですから。

だから、最初の発情のときは、赤ちゃんをうませることは、ひかえるのがふつうです。健康な子犬をうむには、小型犬や中型犬では一歳以上、大型犬では二歳以上になってからが、のぞましいといわれています。

人間の赤ちゃんは、お母さんのおなかの中で、十か月近くかけて、ゆっくり育っていきますが、犬の場合は、だいたい二か月で、子犬が生まれます。

生まれる子犬の数は、犬の大きさによってちがいます。

小型犬だと二～四頭、中型犬では五～六頭、大型犬では五頭以上といわれています。

でも、これはあくまでも目安です。その犬の健康じょうたいによっても、年れいによっても、かわってきます。

犬に子犬をうませるには、このように、犬種ごとの特ちょうや、性質のほかに、子犬やお母さん犬の健康をたもつための栄養学から、犬種ごとに、遺伝しやすい病気のことなど、たくさんの知しきを身につけていなくてはなりません。

こうした知しきにもとづいて、計画的に子犬をうませるのが、本来のブリーダーの仕事(しごと)です。

こうした本来のブリーダーの仕事を、ねっしんにしているブリーダーは「シリアスブリーダー」とよばれています。「シリアス」というのは、「まじめな」とか「しんけんな」とか「本格的(ほんかくてき)な」という意味(いみ)の英語(えいご)です。

パピーミルって?

私(わたし)は、子犬をうむために飼(か)われている、お母さん犬やお父さん犬たちも、大切に飼われているものとばかり、思っていました。

ところが、お母さん犬の健康(けんこう)じょうたいなど考えもしないで、子犬をうませている人たちがいるのです。

そんなお母さん犬たちは、人の目にはさらされません。私たちが目にするのは、ペットショップのショーケースに入れられた、かわいい子犬たちばかりです。

だから、愛らしい子犬たちのお母さん犬が、どんなじょうたいで飼われているのか、知らない人がたくさんいます。

そういう悪質なブリーダーは、工場で商品を大量生産するように、子犬を大量にうませているので、「パピーミル」業者とよばれています。

「パピー」というのは「子犬」のこと、「ミル」は「工場」、つまり「子犬生産工場」というわけです。

パピーミルでは、人気がある犬種の繁殖犬を何十頭も飼っていて、子犬をどんどんうませています。一〇〇頭以上飼っているパピーミルもあります。どうしてかって？　人気になって、みんながほしがれば、よく売れるからです。みんながその犬をほしがっているうちは、お金がもうかるからです。

子犬を繁殖するには、役所に届け出をします。そして、許可が出れば、だれでも繁殖できます。試験もなければ、とくべつな資格もいりません。

そのため、お金もうけが目的で、繁殖をする人たちが、ふえてしまったのです。

本当なら、子犬をうませるには、お母さん犬の健康じょうたいなど、気を使わなくてはいけないことが、山ほどあります。

体の変化だけでなく、安心して子犬をうめる環境にも、気をくばってあげなくてはいけません。

お金もうけだけを目的にしないで、子犬を繁殖しているブリーダーは、自分が愛着をもっている犬種だけを、あつかっています。そして、その特ちょうや性質のよいところを、じゅうぶんに引き出せるように勉強し、お母さん犬の健康を考えて、子犬をうませます。

子犬が生まれたあとも、お母さん犬がたくさんお乳を出せるように、栄養のあるエサをあげて、子犬たちがじゅうぶんに、お母さん犬のお乳が飲めるように、気をつけます。

生まれてからしばらくは、お母さん犬が子犬の世話をしますが、子犬たちはだんだん、活発に動きまわるようになります。そうすると、子犬専用のエサを用意したり、トイレの世話をしたりと、ブリーダーの仕事はふえていきます。

なかでも、子犬の人への信らい感を育てることは、ブリーダーの大切な仕事のひとつです。

よくさわってあげて、子犬を人の手にならします。

それと同時に、いっしょに生まれたきょうだい犬とも、たっぷり遊ぶ時間をつくってあげます。きょうだい犬たちとじゃれあったり、ケンカをしたりする中で、犬の社会のしくみを学んでいくからです。

子犬を性質のよい、健康な子に育てようと思ったら、このように時間も労力もかかります。

シリアスブリーダーは、お母さん犬の体のことを考えているので、赤ちゃんができやすい時期が来るたびに、子犬をうませようとはしません。

もちろん、大事な子犬を、かわいいうちに、さっさと売りはらおうとも思いません。

お母さん犬は年をとると、だんだん、うむ子犬の数がへったり、赤ちゃんが、なかなかできなくなったりします。それでも、一生めんどうをみます。

それが、シリアスブリーダーとパピーミル業者との大きなちがいです。

パピーミルではたいてい、いろいろな種類の犬をあつかっています。

ブームになって人気が集まった犬種をふやして、お母さん犬にどんどん子犬をうませる、と書きましたよね。

ブームって、いったい、だれがつくるのでしょう？

テレビコマーシャルなどで、かわいい小型犬が使われると、一気にその犬の人気が高まり、売れはじめるといいます。まるで、人気のおもちゃやゲームのキャラクターグッズが売れるように。

パピーミル業者にとって、犬のブームは、お金もうけのチャンスなのです。子犬の生産は、たんにお金もうけの手段です。

パピーミルにいる繁殖犬は、〝子犬をうむ道具〟でしかありません。

お母さん犬を、たくさん飼っていたほうが、子犬もたくさん生まれるので、一〇〇頭以上の繁殖犬を飼っている業者もいるのです。

いったいだれが、そんなにたくさんの犬の世話をするのでしょうか。

おどろいたことに、たったひとりで、何十頭もの繁殖犬を飼っていた、パピーミル業者もいました。

アルバイトをやとっていても、わずか数人です。世話をする人を何人もやとえば、その分、たくさん給料をはらわなければならないからです。

わずか数人で、一〇〇頭以上の犬の世話を、毎日きちんとできると思いますか？

ちょっと考えただけで、それがむりなことは、わかりますよね。

お母さん犬のひさんな生活

繁殖犬たちが飼われている建物は、とてもりっぱとはいえません。

ほとんどが、そまつなプレハブ小屋で、その中にせまいケージが何段にもつまれて、おいてあります。

風通しも悪く、鼻をつまみたくなるような、悪臭がします。

一年中エアコンで、かいてきな温度がたもたれているということは、ほとんどありません。

そこが、犬たちの居場所です。

ケージの中は一頭でもせまいのに、何頭か、いっしょに入れられていることもあります。

はじめて、せまいケージに何時間もとじこめられたとき、犬たちは、

せまいケージにおしこめられた犬たち。

「早くこんなにせまいところから、出して！」

と、ほえてうったえたにちがいありません。

けれど、ほえるたびに、思いっきりケージをたたかれて、おどかされ、

「うるさいっ！」

と、どなられて、おしまいです。

あまりに鳴きつづけたために、声が出ないように、手術されてしまった犬もいました。もちろん、さんぽになんて、つれていってもらえません。

繁殖犬たちには、あきらめる道しか、残されていないのです。

地面をけって、かけまわるためにあるはずの足は、せまいケージの中で、ちぢこめるしかありません。のびのびと歩きまわることも、ほかの犬たちとじゃれあうことも、できません。

飼い主がよびかけてくれる声を聞くはずの耳には、あちこちのケージの中でほえる、なかまの悲しい声しか、聞こえてきません。

ウンチもオシッコも、ケージの中でするしかありません。しいてある新聞紙が、ウンチやオシッコで、どんなによごれていても、すぐにはとりかえてもらえません。

中には、ケージに金属製の網目のスノコが、しいてあることがあります。オシッコをすると、網目のすき間から、すぐ下のケージの受け皿に、落ちるようになっているのです。

でも、オシッコがとびちれば、スノコはよごれます。ウンチが網目から下に落ちていかないこともあるし、ふんづければ、スノコにくっついたまま。

そうじをしてもらえず、受け皿にたまったオシッコやウンチも、毎日かたづけてもらえるとは、かぎりません。

それが、どんなじょうたいか、どんなにおいがするか、想像してみてください。

みなさんの家のトイレに、みなさんがしたウンチやオシッコが、流されることなくどんどんたまっていったら、こまりますよね。

それが手や足についていて、たえずくさいにおいがしていたら、いやですよね。

犬たちだって、本当は、自分がねころんでいる目と鼻の先に、ウンチがあるなんて、いやなのです。

そうしているうちに、全身の毛に、ウンチやオシッコがこびりついていきます。くさいにおいも、しみついていきます。

でも、あらってもらえません。

毛の長くなる犬は、のびた毛を切ってももらえず、ウンチやよごれでかたまった毛玉を、体中にくっつけて、みすぼらしいすがたです。

本当なら、やわらかでふわふわの毛なみのはずなのに、あっちこっちにきたないモップをぶらさげた、なんの生き物かわからないようなじょうたいになっています。

目は、目ヤニでふさがれてしまいそうです。

耳は、よごれとバイ菌で、赤黒くただれていきます。

繁殖犬のチワワ。やせ細って、ひふ病にもかかっています。

つめは、のびほうだいで、まるでワシやタカのつめのようです。

つめがのびすぎると、足のうらがちゃんと地面につくことができなくて、とても歩きにくいのです。

そのうえ、のびて曲がったするどいつめが、ひふにくいこんでいきます。

パピーミルのお母さん犬は、身のまわりの手入れをしてもらえないだけでなく、エサにも気を使ってもらえません。

何十頭も飼っていたら、エサ代にたくさんのお金がかかります。

そのお金がおしいので、安くて、質の悪いエサをあたえられていることが、ほとんどです。

だから、お母さん犬の体は、ガリガリにやせてしまいます。

飲み水も、こまめにきれいな水に、かえてもらえるわけではありません。どんなによごれて、にごった水でも、お母さん犬は、それを飲むしかないのです。

そんな生活ですから、体は弱っていきます。

病気になっても、体がじょうぶなら、はねのける力を出すことができます。けれど、繁殖犬たちは、まんぞくなエサももらえず、運動もしないので、病気をなおす力を出すことができません。

ぐあいが悪くても、ほうっておかれ、治療もしてもらえません。

治療をするには、治療費がかかるし、獣医さんにつれていくのも、獣医さんをよぶのも、めんどうだからです。

網目のスノコに足を引っかけてケガをしても、知らない間に、なおらない病気になっていても、目が見えなくな

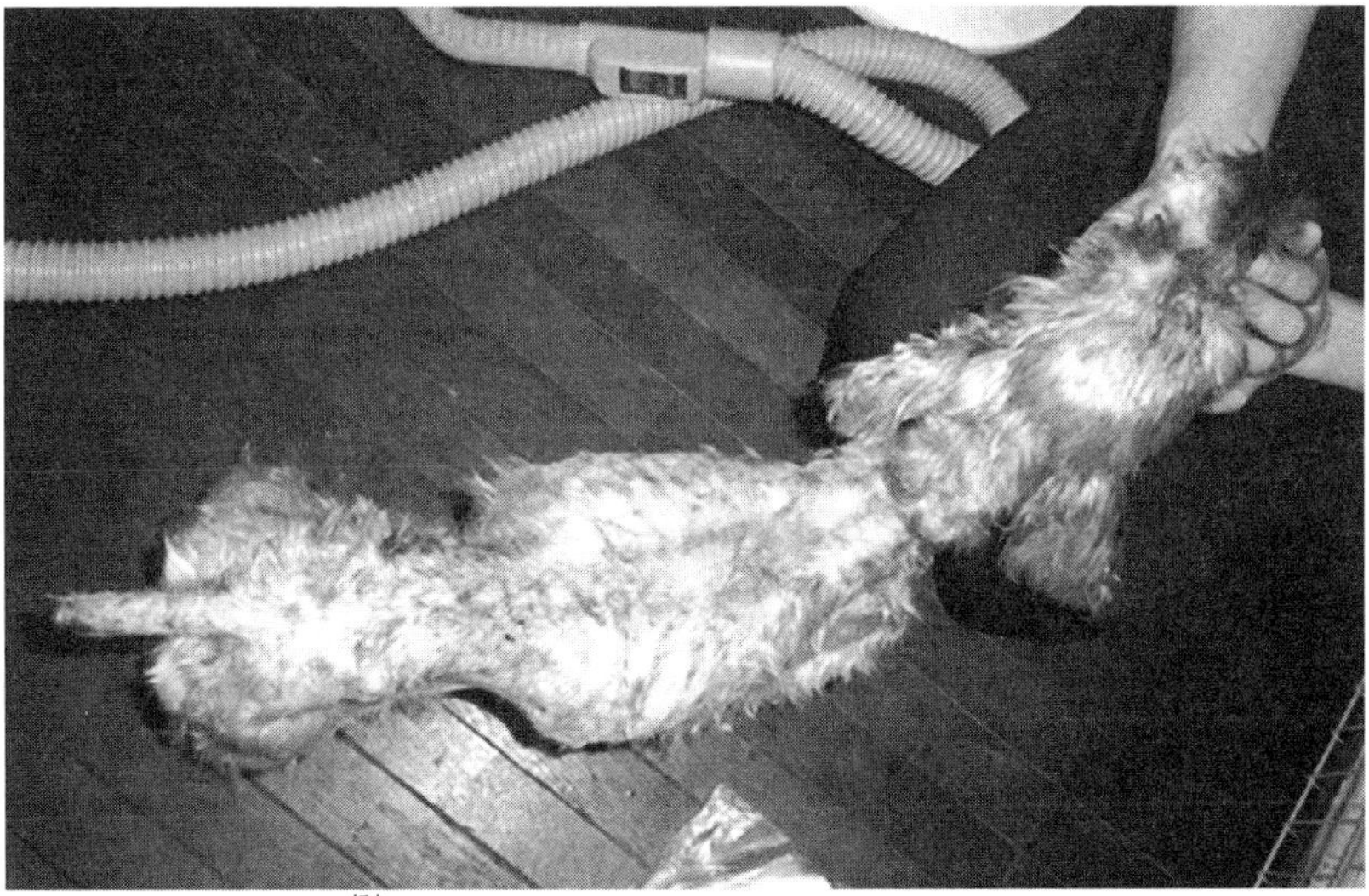

お母さん犬の体は骨とかわだけのじょうたいです。

っても、パピーミル業者は、お金になる子犬が、生まれればいいのです。

いよいよ弱りきって、ぐったりしていても、お母さん犬たちには
「だいじょうぶ？」

とよびかけてくれる人もいなければ、やさしくさすってくれる人もいません。

だいいち、パピーミルの繁殖犬たちには、名前もないのです。ただ番号がついているだけです。

こうして、ケージから一歩も外に出ることなく、だれにもかわいがってもらえないまま、死んでしまうお母さん犬がたくさんいます。

このお母さん犬の死を、だれが悲しんでくれるでしょうか。

死んだお母さん犬のケージには、また新しい繁殖犬が入れられて、番号でよばれるのです。

こんなにふけつで、みじめな生活の中で、お母さん犬は子犬をうむのです。

お母さん犬が子犬をうむとき、パピーミル業者はなにもしません。

赤ちゃんがなかなか生まれなくて、お母さん犬が苦しんでいても、様子を見ているだけです。

生まれた子犬をなめてやり、お乳をあげて、世話をするのは、すべてお母さん犬。

お母さん犬は、自分はよごれ、栄養失調でやせ細り、ひふ病や目の病気でつらくても、一生けんめい、子犬のめんどうをみます。

お母さん犬は、いとおしい子犬たちが、気になってしかたありません。

子犬たちは、そんなお母さん犬のぬくもりにつつまれて、しあわせな時間をすごすはずでした。

けれど、子犬たちは売り物です。

いつまでも、よごれたお母さん犬と、いっしょにすごさせるわけにいきません。

子犬をうんで、お乳をあげたら、お母さん犬の役目は終わりです。

子犬はお母さん犬のもとから、つれさられてしまうのです。

お母さん犬は、せまいケージの中で、子犬をさがしつづけ、心配でたまらなくなって、ほえつづけます。

さて、まだまだお母さん犬が恋しい時期に、お母さん犬と引きはなされた子犬たちは、どこにつれていかれたのでしょう？

子犬たちは同じ種類ごとに、何頭もいっしょに、ケージの中におしこめられます。

あたえられるエサは、少しだけです。弱ってしまわないていどの量しか、もらえません。なぜって、エサをたっぷりあげて、どんどん体が大きくなったら、子犬のかわいさがなくなってしまうから。

ペットショップで犬を買おうとする人は、小さな子犬をほしがるからです。

子犬たちには、この先、どんな生活が待っているのでしょうか。

第2章

子犬たちの運命（うんめい）

子犬の市場

パピーミルで生まれた子犬たちは、ほとんどが、ペットショップで売られることになります。

かわいい子犬や子猫を商品にして、お客さんを集めるペットショップでは、つねに子犬や子猫をならべておかなくては、商売になりません。

では、どうやって、その〝商品〟を手に入れるのでしょうか。

それは、「ペットオークション」とよばれる市場で、「競り」によって手に入れます。

「競り」というのは、何人もの買い手が、売り手が出品した商品に、つぎつぎと値段をつけて、いちばん高い金額をつけた人が、買いとるシステムです。

ペットオークションで、子犬や子猫の売り手は、パピーミル業者やブリーダーです。

ここでいうブリーダーとは、パピーミルのように「大量生産」はしないけれど、自分のしゅみや、おこづかいかせぎのために、犬を繁殖して、売っている人たちのことです。このブリーダーは、前に話した「シリアスブリーダー」とはちがいます。

そして、買い手は、ほとんどが「生体販売」をしている、ペットショップの人です。

「生体」というのは、文字どおり「生きている体」のことです。

ペットショップの中には、ペットフードやペットの世話にひつような道具だけをあつかっているお店もありますが、ペットオークションにやってくるのは、もちろん、生きている動物も売っているペットショップの人です。

子犬や子猫の競りは、じっさいに見たことがありませんが、最新のシステムでペットオークションをおこなっている会社の説明では、子犬や子猫が、買い手の目の前に、ならべられるわけではないそうです。

大きなテレビのような画面に、うつし出された子犬や子猫の写真と情報を見て、買い手が手元のリモコンスイッチをおして、自分の買いたい値段を知らせます。

そして、もっとも高い値段をつけた人が、買いとっていくしくみなのです。

だれも声をあげませんから、しずかにたんたんと、子犬や子猫が売り買いされていきます。一日に五〇〇～一〇〇〇頭近い子犬や子猫が、競りにかけられることもあるそうです。


パピーミル業者は、このような市場に、たくさんの子犬たちを出品します。

子犬たちは、お母さん犬と引きはなされたあと、売ってもいい時期が来ると、体をきれいにふかれ、移動用の小さなケージや、段ボールに入れられて、市場につれてこられます。

生まれてから二か月くらいの子犬たちには、落ちつくことのできない市場の会場に、長い時間いることは、とても苦痛です。長時間、せまい段ボールの中に入れられ、はじめて車に乗せられて、移動してきただけでも、たいへんなストレスなのです。

そのため、市場の会場で、死んでしまう子犬もいると聞きました。

つらい生活の中で、お母さん犬がなんとかうんだ子犬がつれさられたと思ったら、こんなところで、あっけなくいのちを落としてしまうなんて……。

でも、オークションでは、死んだ子犬のことなど、気にしてはいられません。

子犬を売るパピーミル業者は、一頭でも多く買いとってもらうことで、頭がいっぱいです。

子犬を買いとるペットショップの人は、見た目のかわいい子犬を、いかに安く、たくさん仕入れるかで、頭がいっぱいなのです。

こういった市場で、子犬たちの「いのち」が「商品」として、売り買いされていくのです。

ペットショップの子犬たち

ペットショップにしたら、見た目がかわいくて、売れそうな子犬を、安い値段で、手に入れることができれば、商売がなりたちます。

お客さんも、子犬をほしがります。ショーケースに入れられた子犬の、愛らしいしぐさが見たいのです。

そんな子犬を見に来たお客さんが、ついでに、なにかほかの商品を買ってくれれば、ペットショップにとっては、ありがたいことです。

だから、子犬を何十頭も生産して、安い値段で売ってくれるパピーミルが、ひつようとされてきたのです。

ペットショップの中には、ブリーダーと直接、とり引きをするお店もあります。

ブリーダーは、ペットショップと契約をして、子犬を店頭にならべてもらいます。

こういったブリーダーも、やはり「シリアスブリーダー」とはちがいます。

シリアスブリーダーは、自分が大切に育てた愛犬の子どもを、だれが買いとるかわからないペットショップに売ったり、たのんでおいてもらうことは、けっしてありません。

子犬を買う人が、その犬種のよさを知ってくれて、飼い方を学んで、一生、大事にしてくれる人だと思えなければ、売りたくないのです。

オークションで、ペットショップに買いとられた子犬は、それぞれのお店に運ばれていきます。

市場とペットショップが、遠くはなれている場合もあります。

市場へ行くときと同じように、ペットショップへの移動のとちゅうで、ぐあいが悪くなってしまう子犬、ペットショップについてから、ぐあいが悪くなってしまう子犬もいます。

健康じょうたいのよくないお母さん犬から、生まれた子犬たちです。やはり、あまりじょうぶではないのです。

二〇一四年には、市場やペットショップに運ばれる間に、およそ二万三〇〇〇頭の子犬や子猫が、死んでいたことがわかりました。

二万三〇〇〇という数を、想像することができますか。みなさんの学校には、全部で何人の生徒がいますか。

その何倍も何倍も多い数の子犬たちが、新しい飼い主にめぐりあうことなく、本当に、本当にみじかい生がいを、とじているのです。


アメリカやヨーロッパの国ぐにには、「八週齢規制」とよばれる、子犬を売るときの規則があります。

これは、子犬が八週齢（生まれてから五十六日）になるまで、飼い主やお母さん犬、きょうだいたちがいる場所から、引きはなすことを禁止する、という決まりです。

それは、生まれて二か月もたたない子犬を、お母さん犬やきょうだい犬と引きはなして、人やほかの犬と、じゅうぶんふれあえないような生活をさせると、よくほえるようになったり、かみつきぐせがついたりすることがあるからです。犬も赤ちゃんのときは、お母さんの愛情が、いっぱいひつようなのです。

でも、いま日本では、生まれてから四十五日をすぎていれば、売っていいことになっています。

ペットショップでは、子犬のほうがよく売れるという理由で、生まれてから一か月半くらいの、小さくて、ぬいぐるみのようにかわいい子犬を仕入れて、店頭にならべるのです。

子犬はペットショップで、どんな生活をしているのでしょう。

オークションの会場から、ペットショップに運ばれた子犬は、いつでも来たお客さんに見えるように、明るいショーケースの中に入れられます。

ほとんどのペットショップでは、子犬を一頭だけで、ショーケースに入れています。

まだ小さくて、本当はお母さん犬や、きょうだいたちが恋しい赤ちゃん犬なのに、せまいショーケースの中で、いつもひとりぼっち。夜もひとりぼっちで、ねむります。

お店が営業している時間は、いつもお客さんたちにのぞかれています。

エサを食べるときも、昼寝をするときも、オシッコやウンチをするときも、だれかが見ています。

さんぽには、つれていってもらえません。

遊び相手もいないので、しかたなく、ショーケースのガラス窓に手をかけたり、ひとりでころがったりしてみます。

「わあ、かわいい〜！」

そうお客さんがさけぶと、店員さんは

「だっこしてみますか？」

と言いながら、子犬をショーケースから出してくれます。かわるがわるだかれて、「買います」と言われなければ、またショーケースにもどされます。

子犬にとっては、ストレスがたまる毎日です。


いまは、ホームセンターやデパートにも、ペットショップが店を出しています。日本中のペットショップを合わせると、どれだけたくさんの子犬たちが、ショーケースの中でくらしているでしょうか。

そんなにたくさんの子犬たちがみんな、生まれてから三か月くらいの間に、新しい家族の一員として、買いとられていくのでしょうか？　じっさいは、そんなにかんたんなことではありません。

生後三か月くらいの子犬も、半年もたてば大きくなってしまいます。

成長するにつれて、運動だって、ひつようになります。

せまいショーケースの中に入れっぱなし、というわけにもいかなくなります。

洋服やおもちゃは、売れ残っても、倉庫にしまっておくことができるでしょう。

リサイクルもできますが、いのちのある生き物は、そうはいきません。

大きくなる前に、早く売ってしまうには、どうすればいいと思いますか?

少しでも安くすれば、買ってくれる人もいるかもしれませんね。

そこで、ペットショップでは、子犬の値段を、だんだんと下げていくのです。

私は、そんな値札を、見たことがあります。以前、私が買いとった子犬の値札には、高い値段にバッテンがつけてあって、その上に、それより安い値段が赤いペンでデカデカと書かれていました。

十五年も前のことですが、私はペットショップで、子犬を買ったことがあるのです。

そのころ私は、黒い毛のラブラドール・レトリバーを二頭、飼っていました。

ラブラドール・レトリバーというのは、盲導犬や麻薬探知犬として、かつやくしている、体の大きな犬です。

十五年前のある日、私の家の近くに、新しくペットショップができたので、犬のトイレシーツを買いに行きました。

入り口を入ると、右がわのかべに、六つのショーケースがならんでいました。

そのペットショップは用品だけでなく、子犬も売っていたのです。

ペットショップから買った犬

新しくできたペットショップの二つのショーケースには、きょうだい犬らしい、黒のラブラドール・レトリバー（黒ラブ）が、入れられていました。

一頭はオスで、一頭はメス。二頭とも、目だけがギョロっとした、とても小さくて、やせっぽちの黒ラブでした。

私が飼っている黒ラブの子犬時代にくらべたら、信じられないくらい、ひんじゃくな子犬でした。とても小さくて、生後一か月くらいにしか見えません。

私はため息が出ました。

「こんな弱よわしい、元気のない赤ちゃん犬じゃ、売れないよ」

と思ったのです。

黒ラブの子犬は、ショーケースのおくのほうにうずくまっていて、顔だけをこちらにむけていました。

上目づかいにこちらにむけたひとみは、うつろで、悲しそうでした。

子犬の横には、いつしたかわからないウンチが、ころがっていました。

私はせつなくなって、なにも買わずに、家にもどりました。

数日後、私と同じ犬種の黒ラブを飼っている犬なかまと、そのペットショップの話になりました。

友だちが、ペットショップをのぞきに行ったときには、黒ラブのメスの子犬は、もういなくなっていたそうです。

「あのペットショップに、オスの黒ラブが売れたかどうか、見に行こうよ」

友だちが私をさそいました。友だちも黒ラブを飼っているため、同じ犬種の子犬が、気になっているのです。

しぶしぶいっしょに行ってみると、黒ラブの子犬は、前に見たときと同じように、ショーケースの中にうずくまっていました。

値札を見ると、二万円も安くなっています。値下げされていたのです。

私は店員さんに、この子犬が生まれてから、どれくらいたっているか、聞いてみました。

「血統書（その犬の家系が書かれた証明書）が届いていないので、せいかくなことはわかりませんけど、三か月か、四か月ですね」

若い女性の店員さんは、ぶっきらぼうに答えました。

「こんなに小さいのに、三、四か月ということがあるかしら」

もし三か月だとしたら、この子犬の二倍の大きさがあっても、いいはずでした。

そう思いながら見ていると、黒ラブの子犬が、かたづけられていない自分のウンチを、食べはじめたのです。

犬が自分のウンチを食べてしまうことは、よくあるので、それほどおどろきませんでしたが、いっしょにいた友だちは、なんでもはっきりと、ものを言う人なので、

「あっ、ウンチ、食べてますよ。かたづけてください」

と、大きな声でさけびました。

店員さんはむっとした顔つきで、ショーケースのうらに回って、黒ラブの子犬を、ショーケースからかかえ出しました。

そして、らんぼうに床においたかと思うと、子犬がうろうろしないように「バンッ！」と音を立てて、その子に買い物カゴをかぶせたのです。

カゴの網目のすき間から、おびえて腰をぬかしたように、ちぢこまっている子犬のすがたが、見えました。

私はそれを見て、むしょうに腹が立ってきました。そして、腹立ちまぎれに、言いました。

「家にお金をとりに行ってきますから、この子を売ってください！」

私はすぐに走って、家にもどりました。

店員さんは、ペットショップでの仕事が好きではないのかしら。走りながら、頭の中でそんなことを考えていました。

運がよかったのか、悪かったのか、そのときちょうど家には、家賃をはらうためのお金があったのです。

私は家賃のお金を、子犬の代金にあててしまったわけです。

レジでお金をしはらっているときに、店員さんが言いました。

「エサはこれを朝晩二回、大さじ二はいずつ、あげてください」

それを聞いて、この黒ラブの子犬が、やせっぽちで、ひんじゃくだった理由がわかりました。大事な成長期に、毎日わずか大さじ四はいのドライフードしか、食べさせてもらっていなかったのです。

黒ラブの子犬は、「クリ」という名前になりました。

あとで送られてきた血統書によると、クリは生後四か月になっていました。店員さんの話だと、クリがペットショップにつれてこられたのは、生後一か月をすぎたころだったといいます。

そんな赤ちゃん犬のころに、お母さんやきょうだいと引きはなされて、三か月近く、ショーケースの中で、ひとりぼっちでくらしていたことになります。

その間、成長にひつような栄養のあるエサを、たっぷりもらえなかったために、大きくなれなかったのです。

家につれ帰って体重をはかると、三キロもありませんでした。これは生後四か月のラブラドール・レトリバーの標準の、三分の一の体重です。

　このペットショップの店長さんと、その後、話をするきかいがありました。

　私が「子犬の体重が標準より、はるかに少なかった」という話をすると、店長さんはこう言いました。

「ペットショップでのエサやりは、むずかしいんだよね。あんまりたくさんやっちゃうと、ほら、おなかをこわすっていうか、しょうじき、体が大きくなっちゃうじゃない」

　それが、店長さんの本音でした。そして、

「かわいそうだからと言って、買っていってくれる人がけっこういるんだよね。だから、小さいままにしておかないとね」

と、悪びれる様子もなく、言ったのです。

　私は、かえすことばが見つかりませんでした。

　お店のあつかいに腹を立てて、あとさきも考えずに、子犬を買ってしまいまし

たが、私は心にちかっていました。

「なにがあっても、せいいっぱいかわいがって、最後までめんどうをみよう」

それが私の役目だと思いました。

買いとったあともなく、クリは、寄生虫や大腸の病気になりました。

病気は、すぐになおすことができましたが、一歳になる前に、とつぜん、ピクピクと手足をけいれんさせて、たおれてしまう「てんかん」という、脳の病気があらわれました。

犬のてんかんはなおることのない病気で、それからは一生、薬とつきあうことになりました。

いくら栄養のある食べ物をあげても、てんかんはなおりません。せめて、健康な体をつくってあげようと、一生けんめい育てました。

そして、人にめいわくをかけないように、しつけや訓練をきちんと入れました。

クリとは、おたがいに信らいできる関係になれたと思っています。

クリは、ペットショップにいたころに栄養失調だったため、体もあまり大きくなれず、そのうえ、てんかんの発作を何度も起こしていたので、長く生きられないかもしれない、と思っていました。

ところがクリは、もうすぐ十四歳になるという年まで、がんばって生きてくれました。がんになって、最後の数日間は、寝たきりになりましたが、クリはもえつきるように、しずかに旅立ちました。

売れ残った犬たちは、どこへ?

クリといっしょにくらした年月は、すばらしいものでしたが、あのとき、あのペットショップから、クリを買いとったことはよかったのかと、私は、ずっと自分に問いつづけていました。

けっきょく私は、生体販売をしているペットショップを、もうけさせたことになったのですから。

あのペットショップは、そのあと店をやめましたが、店をやめるまでの間、クリが買いとられたあとのあいたショーケースには、また新しい子犬が入れられたことでしょう。

その子犬には、大きくならないように、じゅうぶんなエサももらえない生活が待っていたわけです。

そして、なかなか売れなければ、クリの値段が下げられていったように、これまでより、安い値段をつけられるのです。

ペットショップでは、売れ残りの犬を出したくないので、ときには、だいだいてきな、値引きセールをおこないます。

季節がかわる前の、洋服のバーゲンセールのように、クリスマスやお正月に、子犬たちのバーゲンセールをするペットショップが、目立つようになりました。

チラシに、「一万円均一」とか「お気に入りのワンちゃんが半額に！」といった文字が、目立つように、にぎやかに書かれているのを見ると、なにかがおかしいと思います。

半額にされていく子犬と、その子犬をうんだ、お母さん犬のあわれなすがたが、かさなります。特価セールのチラシには、安くたたき売りをされるいのちの軽さが、印刷されているのだと思いました。

そこまで値段を安くしても、売れ残った子犬は、どうなるのでしょうか。

あのままだったら、クリはどうなっていたのでしょう。

ペットショップの店員さんが、引きとることもあるそうです。

店員さんは、もともと動物が好きで、動物にかかわる仕事がしたいから、ペットショップにつとめた人たちです。だから、一頭でもなんとかしてあげたいという気持ちから、引きとるのだそうです。

でも、それはほんのひとにぎりにすぎません。そのほかは、ペットショップを経営している会社が、繁殖用に自分の会社で飼うこともあるといいます。

パピーミルやブリーダーに売ることもあります。この犬たちもまた、子犬をうむために、はたらきつづけることになるのです。

もっとひどいケースになると、「飼えなくなったから」と言って、保健所に引きとってもらう場合や、動物実験や薬の研究をする施設に売りはらわれる場合もあるといいます。お店がわで処分してしまうこともあるそうです。

どちらにしても、しあわせなくらしはのぞめません。

第3章

すてられる犬たち

ペットを守る法律

二〇一三年九月に、ペットにかかわる「動物の愛護及び管理に関する法律」の内容が、少しかわりました。

この法律は、人と動物が、ともにゆたかな生活を送るためにつくられました。

おもに、

① 動物を苦しめたり、理由もなく殺したり、きずつけたりすることをふせいで、いのちを大切にすること

② 自分の飼っている動物が、まわりの人にめいわくをかけないように、きちんと飼うこと

を目的に、つくられた法律です。

法律の名前が長いので、ここでは「動物愛護法」と書くことにします。

むかしからあった法律ですが、今回、新しく決められたことがあります。いったいなにが、かわったのでしょうか。

大きくかわった点は、犬や猫を繁殖し、販売する仕事をしている人たちがしなくてはいけないことを、はっきり決めたことです。

そして、飼い主にたいしても、ペットが死ぬまで、責任と愛情をもって飼いましょうと、はっきり定めたことです。

まず、繁殖や販売などをする人たちが、守らなければならないことを見てみましょう。

たとえば、犬や猫を飼うケージは、居心地のよい大きさであることや、エサや水を入れる食器や遊び道具を、きちんと用意すること。

一日一回以上は、犬や猫の居場所を、きれいにそうじをすること。

ほかの犬や猫、人にうつる病気にならないように、予防注射をすること。

さらに、健康に注意してあげて、病気になったら、すぐに獣医さんにつれていくこと。

子犬や子猫を売ったり、引きわたしたりするのは、生まれてから四十五日後（※）にすること。

また、子犬や子猫を、インターネットで通信販売することも、禁止されました。

売るときは、買う人に直接会って、ちゃんと子犬を見せながら、説明をして、売らなくてはいけなくなりました。

そして、売れなかった犬や猫については、一生きちんと飼ってくれる人をさがすことも、新しくできた大事なやくそくごとのひとつです。

犬や猫をゆずりわたす人を、前もって、届け出ておかなくては、いけなくなったのです。

本当はどれも、当たり前のことだと思いませんか？

それなのに、法律であらためて定めるということは、それだけ、いま日本でおこなわれている、犬や猫の繁殖や販売方法がよくないのだ、ということではないでしょうか。

一方、飼い主にたいしても、大切なことが決められました。まず、できるかぎり、ペットが死ぬまでちゃんと世話をして、愛情をもって飼いつづけるようにすること。このように、最後まで飼うことを、「終生飼養」といいます。

（※）
「動物の愛護及び管理に関する法律」は二〇一九年に内容がかわり、日本でも、アメリカやヨーロッパの国ぐにのように、生後五十六日になるまで、お母さんやきょうだいたちがいる生まれた場所から、子犬や子猫を引きはなすことを禁止する「八週齢規制」がじっしされています。ペットのいのちを守るために、これまで以上に細かく規則が決められました。

それから、むやみに犬や猫に赤ちゃんをうませて、飼ってくれる人がいない、不幸な子犬や子猫を、ふやさないようにすること。

それには、不妊・去勢手術（赤ちゃんをうまないようにする手術）が、ひつようです。

そのほか、ペットどうしや、ペットから人にうつる病気の知しきをもって、病気をふせぐ努力をすること。

また、ペットが迷子になっても、すぐに飼い主がわかるように、マイクロチップというしるしや、迷子札などをつけましょう、ということ。

飼い主にたいして決められていることも、ペットを飼う以上、本当は、当たり前のことのように思います。

そして、繁殖や販売を仕事にしている人たちだろうと、動物の保護活動をしている人たちだろうと、飼っている人、飼っていない人、すべての人にたいして、決められていることがあります。

それは、「動物をぎゃくたいしてはいけない」ということ。

つまり、動物を苦しめたり、理由もなく殺したり、きずつけたりしては、いけないということですね。

「ぎゃくたい」というのは、ぶったり、けったり、直接、体をいためつけることだけではありません。

こわい思いをさせたり、こき使ったりすることも、ぎゃくたいのうちです。

世話をしないで、ほったらかしにすること。健康に気をつけてあげないで、病気になっても、知らん顔をしていること。せまい場所にとじこめておくこと。

こういうことも、ぜんぶ、ぎゃくたいになります。

動物を殺したり、きずつけた人や、ぎゃくたいをした人、むやみにすてた人は、重い罰を受けます。

動物たちも、人間と同じように、体や心にいたみを感じる生き物です。

たとえ、動物が好きでなくても、きずつけたり、苦しめたりしてはいけないのです。

だれもが罰を受けることを、おぼえておかなくてはいけませんね。

そして、もうひとつ、大きくかわったことがあります。

それは、保健所や動物愛護センターに、飼い主や販売業者などが、飼えなくなった犬や猫をつれてきても、引きとることをことわれるようになったことです。

それは、最後まで飼うという「終生飼養」の決まりに、違反しているからです。

飼い主が「犬を飼えなくなった」理由は、さまざまです。

そのことについては、またあとでお話ししますが、保健所や動物愛護センターでは、犬や猫をもちこんだ人にたいして、

「最後まで飼うという決まりを、守ってください」

と、説得して、つれて帰ってもらうことが、できるようになりました。

飼い主には、新しい飼い主さんを見つけるには、どうしたらよいかを、アドバ

イスします。しつけ、飼い方の相談にものります。

パピーミル業者やブリーダー、生体販売をしている人たちは、あまり子犬をうめなくなった繁殖犬や、売れ残って大きくなった犬たちを、引きとってもらえなくなるのですから、「たいへんだ」と思ったにちがいありません。

そのうえ、いらなくなった繁殖犬や、売れなかった犬や猫については、一生きちんと飼ってくれる人をさがすことが、義務づけられたのですから。

動物たちにとっては、しあわせになる道が、ひらけたように思いますよね。

ところが、ことはそんなに、かんたんではありませんでした。

動物愛護法がかわったあとに、何頭かずつ、公園などにすてられるという、悪質な事件が、つぎつぎに起きたのです。

二〇一三年の秋、埼玉県さいたま市にある秋ヶ瀬公園に、何頭ものチワワがすてられていました。

中には、すでに死んでいたチワワもいました。

そして、二〇一四年に入ってからも、数か月の間に、何回かにわけて、二十頭以上のチワワがすてられていたのです。

川原に広がる秋ヶ瀬公園は、犬のさんぽにもってこいの広場や、運動ができるグラウンドがあることで、市民のいこいの場所になっています。

そんな公園の一角の、人目につかない場所におきざりにされた、たくさんのチワワたち。

そのチワワを保護した、さいたま市の「さいたま市動物愛護ふれあいセンター」の職員で、獣医師の先生はこう話してくれました。

「公園や道ばたで、うろうろしているのが一頭だけなら、迷子と区別がつかないですよね。でも、何頭も同じ犬種の犬がいたら、おかしいなと思うのがふつうです」

しかも、それが二回、三回とつづいたので、

「これは、わざとおいていったんだな」

と思ったそうです。

一頭だけなら、迷子かもしれないので、警察が捜査に乗りだすことはないそうです。

でも、このときばかりは、警察も腰をあげてくれました。

パピーミル業者なのか、ブリーダーなのか、好きで飼っていて、数をふやしすぎてしまった人なのか、いろいろな方面から、捜査しましたが、けっきょく、すてた犯人はわかりませんでした。

公園にすてれば、だれかが拾ってくれると、思ったのでしょうか。

いままで、人に飼われていた小型犬たちに、どうやって食べ物をさがせというのでしょう。

チワワのような小型犬で、一歳にもならない子犬は、何日か食べ物や水がなければ、すぐに弱ってしまいます。

カラスに、顔やおなかをつつかれて、苦しみながら死んでいきます。車道に飛び出して、車にひかれることもあります。

川に水を飲みに行って、落ちて流されてしまうかもしれません。

雨がふれば、びしょぬれのまま。ぬかるみにはまったたまま、動けなくなって、死んでいたチワワもいたそうです。

人が集まる公園にすてても、何十頭もの犬たちが、すぐに、だれかに拾ってもらえる保証は、どこにもありません。

子犬をうませては、売ってお金をかせいで、飼えなくなったら、人にばれないように、すててしまう。

なんて、身勝手なのでしょうか。

動物をすてることは、りっぱな犯罪です。


そんな理由ですてるのですか?

犬をあつかう業者の人たちに、きびしい目をむけるのであれば、犬を飼っている人も、これから飼おうと思っている人も、最後まで飼うというやくそくを、守っていかなくてはいけませんね。

以前、あまりにもかんたんに、飼い犬を手ばなしてしまう飼い主に、おどろき、あきれてしまったことがありました。

私が前に飼っていた黒ラブに、予防注射をするために、獣医さんにつれていったときのことです。

動物病院の待合室で、ミニチュア・ダックスフンド（通称「ミニチュア・ダックス」）をつれている女性と、いっしょになりました。

ダックスフンドはドイツで生まれた犬種です。もともとアナグマを追いかけて、その巣穴にもぐりこむために、短足で細長い胴体をしているそうです。

ダックスフンドの小さいサイズが、ミニチュア・ダックスフンドというわけです。

そのミニチュア・ダックスの飼い主は、おばあさんというほど、年をとった人ではありませんでしたが、私より年上の女性でした。

しんさつを待っている間には、飼い主どうし、いろいろと話をするものです。

ミニチュア・ダックスは、飼い主の足元に、じっとよりそって、とてもおとなしくしていました。

「きょうは、なんの治療で来たのですか」

私が聞くと、その飼い主さんは、

「この子は、ヘルニアなんですよ」

と言いました。

ヘルニアというのは、正式には「椎間板ヘルニア」といって、胴長のダックスフンドには多く見られる、腰の神経の病気です。

「まあ、それはたいへん。何歳ですか」

「七歳だって、聞きました」

なんでもその犬は、その前の年に、近所の家から、もらった犬なのだそうです。

「それがね、買い物のとちゅうに、その家の前を通ったら、この子がげんかん先につながれていて、その横のへいに『ほしい人がいたら、さしあげます』と書いた紙が、はってあったんです」

「えっ、それで、どうしたんですか？」

私は、びっくりして聞きました。

「けっこう、寒い日だったんですよ。かわいそうだなと思ったけれど、どうすることもできずに、その日は、そのまま通りすぎました」

ここに、その犬がいるということは、この人が引きとったということになりますよね。そのいきさつを聞きたくて、私はつい、

「それで？」

と、話をさいそくしてしまいました。

その人はつぎの日も、その家の前を通りました。

少しはなれた場所から見ていたら、犬はつながれて、しょんぼりとした感じで、おすわりをしていましたが、その人を見つけると、しっぽをふって、よろこんでくれたのです。

その人は見かねて、犬の家のインターホンをおしました。

若い奥さんが出てきたので、事情を聞くと、引っこすことになったので、この犬を飼えなくなった、ということでした。

それにしても「ほしい人がいたら、さしあげます」だなんて……。

しかも、人目にさらすために、そんなに寒い日に、毎日、外につないでおくなんて、まるで「物」あつかいです。

七年もいっしょにくらしていて、わかれたくないと思わなかったのでしょうか。

いっしょにくらせる家は、どうしても、さがせなかったのでしょうか。

もとの飼い主が、あまりにもそっけなかったので、いよいよその犬がかわいそうになって、とうとう女性は、ミニチュア・ダックスを引きとることにしたのだそうです。

新しい飼い主になった女性は言いました。

「健康診断につれてきてみたら、重いヘルニアだということが、わかりました。前から、ずいぶん悪かったようです」

そして、その犬の頭をなでながら、

「もとの飼い主さんは、病気の治療も、めんどうになったのかもしれませんね。お金がかかりますものね」

と、悲しそうに言ったのです。

「その家族は、本当に引っこしていったんですか？」

私は思わず聞いてしまいました。

「わかりません。あの家の前は、通らないようにしているんです。この子が、ふびんだから」

そのあとはもう、私もその女性も、だまりこんでしまいました。

ミニチュア・ダックスは、心のやさしい人に引きとってもらって、しあわせだけれど、私の気持ちは、ずっともやもやしていました。犬の予防注射も終わって、車でうちに帰るとちゅう、そのミニチュア・ダックスのことを考えていたら、悲しくなってしまいました。

ただでさえ、ヘルニアでつらかっただろうに、毎日、外につながれて、不安だっただろうなあ、と思いました。

七年間もいっしょにくらした家族から、まさか、こんなにかんたんに、見はなされるとは、思ってもいなかったでしょうね。

ずっといっしょに、くらしていけると思っていたことでしょう。

その子の気持ちを考えたら、なみだがあふれてきて、こまりました。

そのあと私は、もっとショックな理由を、聞かされることになりました。小学校三年生の娘さんがいる友だちから、聞かされたお話です。

友だちの娘さんと同じクラスの女の子、名前はエミちゃんということにしておきましょう。

エミちゃんの家では、エミちゃんが一年生になったときから、小型犬のヨークシャーテリア（通称「ヨーキー」）を、飼っていました。

エミちゃんの小学校の入学いわいに、ペットショップで買った犬です。名前は「ルル」。

そのエミちゃんが三年生になったとき、夏休みに、海外旅行に行く計画がもちあがりました。

私の友だちが言いました。

「エミちゃんのお母さんがね、犬がいると、長い旅行に行けないけど、どうするって、エミちゃんに聞いたんですって」

「どうするって、どういう意味？　ペットシッターさんにたのむとか、ペットホテルにあずけるとか、そういうこと？」

私がそう聞くと、友だちは、まゆをひそめて言いました。

「ちがうのよ。ペットホテルにあずけると、お金がかかるから、海外旅行をあきらめるか、保健所につれていくかって、聞いたんだって！」

「ええっ、それは、うそでしょ！　ありえないもの！」

私は大声で、さけんでしまいました。

「ううん、うそじゃないの。エミちゃんがそう話していたんだもの」

「それで？　それで、どうなったの？」

思わず、問いつめるような口調になってしまいます。

「それがね、エミちゃんは、海外旅行に行ってみたいって言ったんですって。そうしたら、お母さんが、じゃあ、ルルは保健所につれていくわねって……」

私は口をあけたまま、しばらく、ことばが出ませんでした。

これがつくり話なら、どんなにか気持ちが楽でしょう。ぎゃくに、つくり話であってほしいと思いました。

エミちゃんもお母さんも、保健所につれていかれた犬や猫が、どうなるか、知っていたのでしょうか。

保健所や動物愛護センターでは、犬を引きとってもらいに来た人に、飼えなくなった理由を、書いてもらうことになっています。

ある大きな動物愛護団体が、全国の保健所や動物愛護センターで、どんな理由が多かったかというアンケートをとりました。

どんな理由が多いと思いますか？

いちばん多かったのが、

「飼い主が病気になったから」「飼い主が亡くなったから」

という理由です。

そのほかに多かった理由は、つぎのようなものでした。

＊犬が病気になったから。

＊犬が年をとったから。

＊引っこしをするから。

＊ほえたり、かみついたりしたから。

＊近所から苦情が来たから。

＊赤ちゃんをうんで、ふえてしまったから。

これは、動物愛護法がかわる前の年、二〇一二年度の調査です。

エミちゃんのお母さんは、ルルを保健所に引きとってもらうときに、なんと書いたのでしょうか。

本当の理由を言ったのでしょうか。「旅行に行くのに、犬をあずけるお金をかけたくないから」と。

安楽死ではありません

動物愛護法がかわってから、保健所や動物愛護センターでは、もちこまれた犬や猫の引きとりを、ことわれるようになった、と書きましたよね。

それでも、「どうしても、飼いつづけることができない」という場合もあるでしょう。そういうときには、個人の飼い主にかぎって、しかたなく引きとるのだそうです。

もちろん、無料で引きとってくれるわけではありません。どこの保健所でも、たいてい「一頭につき、いくら」という手数料がかかります。

法律がかわったあとに、動物愛護団体の人といっしょに、茨城県の動物指導センターに行ったことがあります。

ここも、保健所と同じように、犬や猫を引きとる施設です。

施設の中は、子犬の檻、成犬の檻、譲渡（ゆずりわたすこと）ができる犬の檻、ケガをした犬が入れられる檻など、いくつもの部屋にわかれていました。

茨城県では、いなかのほうで、はなし飼いにしている人も多いので、知らないうちに、子犬が生まれてしまうことが、よくあるのだそうです。

そうして、山や野にすてられた犬たちが、うろうろしているところをつかまえられて、センターにつれてこられるのです。

手前の檻にいた五歳のコーギーは、飼い主の手をかんだという理由で、つれてこられたそうです。

私が檻に近づくと、うれしそうによってきました。

「ぼくの飼い主は、いつ、むかえに来るの？」

私を見あげる目が、うったえています。

このあと、自分がどうなるかも知らずに、しっぽをふっていましたが、ふっと見せる、不安そうな表情に、胸がしめつけられる思いでした。

小さな檻に、一頭でポツンと入れられていたのは、年よりのシーズーでした。

飼い主が年をとって、老人ホームに入ることになったので、ここにつれてこられたのだそうです。

職員の人が、「新しい飼い主をさがせませんか」と、どんなに説得しても、お金と犬をおいて、さっさと帰ってしまう飼い主もいるそうです。
保健所や動物愛護センターは、ざんねんながら、引きとられた犬のめんどうを、一生みてくれるところではありません。

では、犬たちはどうなるのでしょう？

新しい飼い主が見つからなければ、または、迷子の犬の飼い主がむかえに来なければ、何日か後に、いのちをたたれることになります。それを「殺処分」といいます。

職員の人が言うには、迷子になってつれてこられて、そのまま殺処分されてしまう犬は、みなさんが考えている以上に、多いのだそうです。

飼い主は、ひっしにさがしているかもしれませんが、犬に連絡先の書いてある名札や、登録番号が書いてある鑑札をつけていなければ、どこの、だれの犬か、

職員(しょくいん)が来ると、犬たちはうれしそうに近よってきます。

わかりませんよね。

それから、飼い主が無責任だったばかりに、ふえてしまった犬たちや、うろうろしているところをつかまえられて、保健所につれてこられる、飼い主がわからない犬も、多いそうです。

犬たちがおいておかれる日数は、施設によって、少しずつちがいます。

けれど、どの施設でも、ひとしく犬たちを待ち受けているのは、「殺されるという現実」です。

犬たちは、はじめて入れられた部屋から、一日ずつだんだんに、おくの部屋にうつされていきます。

ある犬は、部屋のすみっこで、おびえてうずくまっています。

ある犬は、保健所の職員が来るたびに、大好きな飼い主がむかえに来てくれたのかと思って、よろこんで近づいていきます。

ずっと、ほえつづけている犬もいれば、あきらめきって、動かない犬もいます。

子犬もいれば、年老いて、よぼよぼの犬もいます。

雑種もいれば、人気のある純血種の小型犬もいます。

飼われていた犬たちは、みんな、自分の飼い主が、むかえに来てくれるのを待っています。

まさか、自分が見すてられたとは、思っていないでしょう。

犬たちが待っていても、なかなか飼い主はあらわれません。犬たちはだんだん、元気をなくしていきます。

ひとみからは、かがやきが消えて、

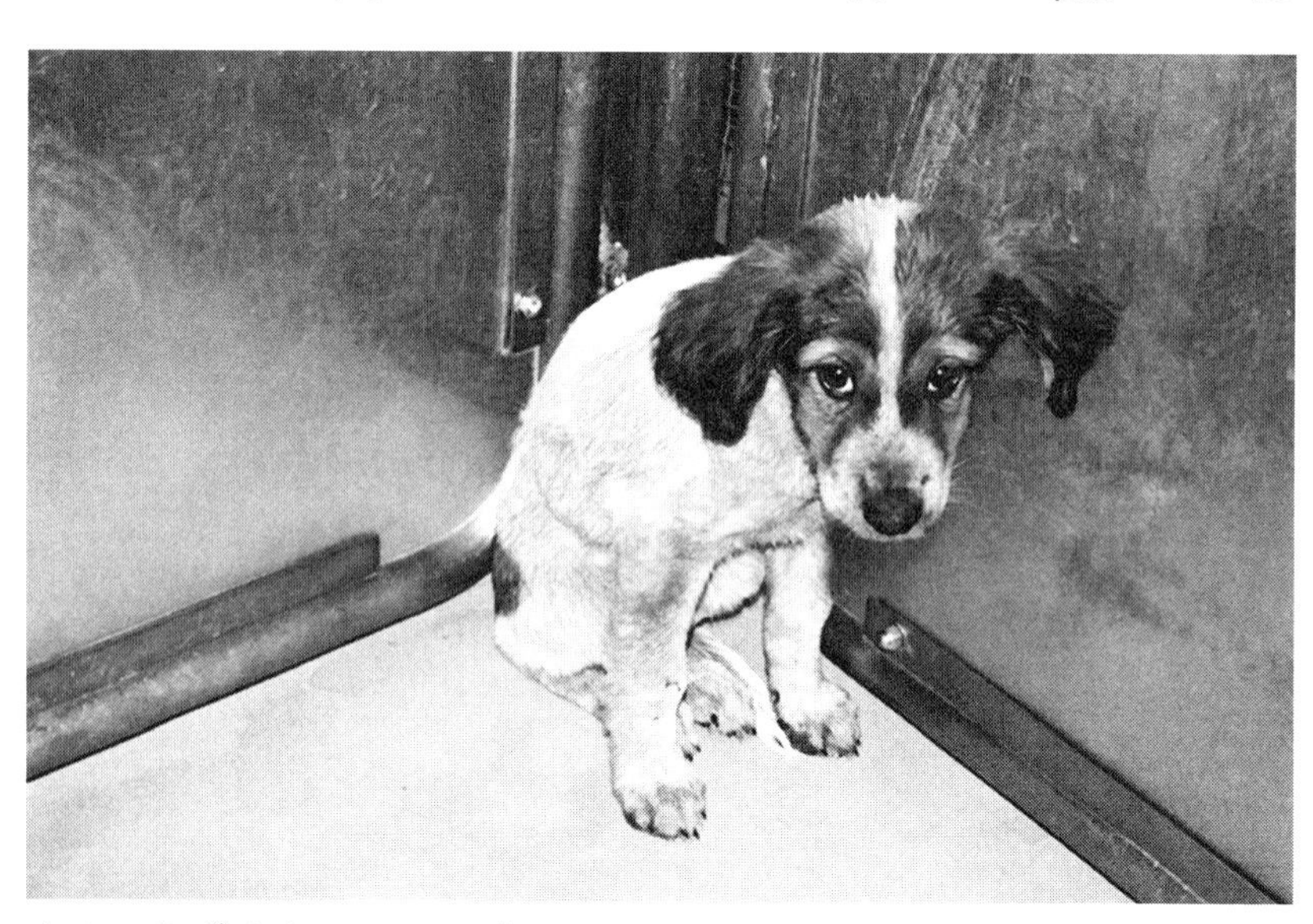

すみにうずくまって、おびえています。

不安やきょうふでいっぱいです。

やがて、犬たちは、いちばんおくにある「処分室」にうつされます。

そこはガス室です。とじこめられたあと、ガスがシューシューと、ふき出してくる部屋です。

たいていの保健所や動物愛護センターでは、炭酸ガスによって、犬たちをちっ息死させています。

ちっ息死というのは、息がつまって、死ぬことです。すぐには死ねませんから、とても苦しみます。

保健所に保護された犬や猫は、「安

純血種の犬もたくさんいます。

楽死させられる」と言われていますが、けっして「安楽」に死ねるわけではありません。

苦しんで、もがきながら、息たえるのです。

そして、死体は、みなさんがすてる「燃えるゴミ」と同じように、まとめて焼却炉で焼かれます。

麻酔薬を注射されて、いしきがぼうっとなったあとで、しずかに心臓がとまる薬を注射されるのであれば、「安楽死」と言えるかもしれません。ぼんやりしたまま、いのちが消えてゆくのですから。

でも、注射の薬はお金がかかるので、動物の福祉にお金が回せない市町村では、値段の安い炭酸ガスを、使うしかないのだそうです。

まして、つぎつぎに犬や猫をもちこまれ、たくさん引きとっている施設では、「何頭もまとめて殺処分」しなくては、とても間に合わないというのです。

そのわかりやすい例が、私がたずねた茨城県です。

じつは茨城県は、全国の中でも、とてもたくさんの犬や猫を殺処分している都道府県のひとつです。飼い主がわからない犬も、毎年のようにたくさん引きとっています。

引きとっている数が、あまりに多いので、一頭、一頭、注射をして、やすらかに死なせてあげることができない、というのです。

私が見たコーギーはつれてこられたばかりだったので、手前の檻に入っていましたが、もらい手が見つからなければ、だんだん、おくの檻にうつされていくのでしょう。

いちばんおくの檻には、ガス室に通じる通路があって、犬たちを通路に追いこんでいける工夫がされていました。

ガス室の先が、焼却室になっていました。

犬たちがガス室に入ると、炭酸ガスが出るスイッチがおされます。すべての犬が息たえたことを確認すると、焼却室に運びます。

スイッチひとつで、ちっ息死させられて、スイッチひとつで、焼かれていく犬たち。

保健所や動物愛護センターの職員の人たちも、できれば殺処分などしたくありません。ずっとめんどうをみてあげたいのは、やまやまです。

でも、保健所における日数は、規則で決められているため、しかたなく、いやな仕事を引き受けています。

環境省の発表では、二〇一三年の犬の殺処分数は、二万八五七〇頭。そのうち子犬は、四三七三頭でした。

毎月、約二三八〇頭の犬が、いのちをたたれています。

だれが、犬たちを死に追いやっているのでしょう。

どうしたら、保健所に保護される犬を、へらすことができるでしょうか。

家族の一員としてむかえ入れた犬が病気になったときに、そして、犬が年をとって、足や腰が悪くなって、不便な生活をしなくてはならなくなったときに、い

いちばんおくの部屋(へや)。となりはガス室です。

ろいろ世話をしてあげられるのは、飼い主だけです。

犬が病気になってしまったら、まず、つれていくのは獣医さんです。

もうなおらない病気で、犬がいたみにおそわれたまま、ずっと苦しんでいたら、獣医さんは
「安楽死させてあげたほうが、いいでしょう」

と言うかもしれません。

そのとき、飼い犬の死に、きちんとむきあうのも、飼い主の役目です。

飼い犬が病気になったり、年をとったからといって、自分がいっしょにくらしてきた犬の最期を、保健所におしつけていいのでしょうか。

ほえたり、かみついたりしないように、しつけをしてあげるのも、赤ちゃんが生まれないようにしてあげるのも、ぜんぶ飼い主の役目です。

赤ちゃんをうめなくする不妊・去勢手術をするのは、「かわいそうだ」という人もいます。

たしかに、病気でもないのに、手術をするのはかわいそうだ、と思う気持ちもわかります。

本来、動物は、生まれつきもっている本能から、子孫を残すために、繁殖活動をします。野生動物は、そうして生き残っていきます。

不妊・去勢手術をしないで、はなし飼いにされていた犬たちも、同じです。本能にまかせて、子犬をうんでしまいます。

ペットとして飼われて、赤ちゃんをうまないのに、発情をくりかえすことは、犬や猫にとって、大きなストレスにもなります。

不妊・去勢手術をすることは、年をとってからかかりやすい、いろいろな病気をふせぐことにもなるのです。

ペットが年をとって、病気になって苦しまないように、予防してあげることは、愛情のあるおこないなのではないでしょうか。

すてられる犬をふやさないために

いま、日本で飼われている犬の多くが、海外からやってきた犬です。トイ・プードルも、チワワも、ミニチュア・ダックスフンドも、シーズーも、もとは外国生まれの犬種です。

日本では、犬を飼おうと思ったら、まず、ペットショップに行く人が多いのではないかと思います。

日本は「ペットショップ大国」といわれています。

では、ほかの国では、どうなのでしょうか。

まず、アメリカのお話です。アメリカは、日本の約二十五倍の広さがある国です。州ごとに、規則もちがうので、ひと口に「アメリカは……」と語ることが、なかなかできません。だから、州や都市のお話になります。

アメリカのいくつかの都市では、すでにペットショップで、犬や猫を売ることが、禁止されています。

「生体販売は禁止します」と、わざわざ規則で決めなくても、チェーン店をたくさんもっている、大きなペットショップでは、自分から生体販売をやめた店も、たくさんあったそうです。

ペットショップで生体販売をやめることにつながった、いちばん大きな理由は、殺処分されるペットの数が、あまりにも多かったからでした。

アメリカでは、犬を飼いたいという人の数にくらべて、パピーミルで生産される子犬の数のほうが、あっとうてきに多かったのです。

ペットショップでは、どんどん子犬や子猫を仕入れますが、売れ残りを出したくないので、安く売ります。

これは、前に話しましたよね。

安く売りはらわなくてはいけないほど、ペットの数が多すぎたのです。

日本でも、いま、ペットの数が多すぎると思います。

安(やす)ければ、お客(きゃく)さんは買っていきますが、安く、かんたんに手に入れたものは、人間はちょっとしたつごうで、かんたんに手ばなせるものです。

かんたんに手ばなされた犬たちの最期(さいご)は、日本と同じ。待(ま)っているのは、殺処(さっしょ)分(ぶん)です。

殺処分をへらすためには、売られる犬や猫(ねこ)の数をへらせばいいということに、みんなが気づいたのです。

「なるべく、ペットショップで犬や猫を買うのをやめて、飼(か)い主(ぬし)をさがしている犬や猫を、保護施設(ほごしせつ)から引きとろう」

そういう人がふえると、犬や猫が売れなくなるので、ペットショップでは、生体販売(はんばい)をやめるようになりました。

そのかわり、たくさんの種類(しゅるい)のエサや、飼い主がほしがるような小物(こもの)を売ったり、あずかるサービスやしつけ教室をしたりして、商売(しょうばい)をなりたたせるようになったのだそうです。

では、犬がほしかったら、どこで手に入れれば、いいのでしょうか。

もちろん、アメリカにも、自分の愛着のある、決まった犬種の子犬をつくりだしているシリアスブリーダーがいるので、どうしても、その犬種を飼いたければ、シリアスブリーダーに相談しに行きます。

そのほか、いちばん多いのが「アニマルシェルター」とよばれる、動物保護施設に行くことです。

私がカヤと出会ったのは、民間のボランティア団体のシェルターでしたが、アメリカには、州や市がつくったアニマルシェルターがあります。

そういった市のシェルターや、譲渡許可証をもっている動物愛護団体、民間のシェルターなどから、保護犬を家族にむかえるのです。

ペットショップで生体販売が禁止されたので、アメリカではたくさんのパピーミルが倒産したそうです。そこには、たくさんの繁殖犬や子犬が残されました。
パピーミルの数は一つや二つではないので、飼われていた繁殖犬の数も、そうとうなものでした。

だから、その犬たちを保護することが、どんなにたいへんだったかは、想像できますよね。

それでも、悪じゅんかんをたち切るために、市や市の職員、市民や、おおぜいのボランティアの人たちが、気持ちをひとつにしました。

生体販売を禁止することにたいしては、ペットショップなどから、とうぜん、反対意見がありました。お客さんの中にも、

「どこでペットを手に入れようと、個人の自由でしょ」

という人も、いたそうです。

たしかに、そうかもしれません。

でも、「少しでも殺処分数をへらす」という目的を理解したら、考えなおすこ

とができるのではないでしょうか。

みなさんは、犬や猫を殺処分するためにかかる費用は、だれが出していると思いますか？

はたらいて、税金をおさめている私たちです。みなさんのお父さんやお母さんのおさめた税金の一部が、犬や猫を殺処分するために、使われています。

アメリカの人たちは、

「動物を殺すために、私たちの税金が使われるのは、いやだ」

と、強く思ったのです。

そこで、生体販売をやめて、みんなが殺処分数をへらす努力をしたのです。

アメリカだけでなく、ヨーロッパの国ぐにでも、生体販売をしないペットショップが、ふえているそうです。

犬や猫を売るには、きびしい決まりがあって、それが守られなければ、販売する免許がもらえない国もあります。

また、「子犬や子猫をショーケースにとじこめて、売り物にするのは、動物愛護の精神に反する」とうったえる人が多いために、店にはエサや首輪などの小物しかおかない、というペットショップもありました。

子犬や子猫をショーケースにとじこめておくことが、動物愛護の精神に反することなら、その子たちをうむお母さんたちが、一生ケージにとじこめられて、ひどい飼い方をされていることも、やはり動物愛護の精神に反することです。

もちろん、ペットショップの中には、ほかの子犬ともふれあえるように、広びろとした居場所を用意して、店員さんが子犬と遊んであげる時間や、しつけの時間を、とっているお店もあります。

それでも、「店先での生体販売はやめよう」という動きがあるのです。

店先で子犬や子猫を売ることについて、アメリカやヨーロッパの国ぐにでも、日本でも、大きな問題だと考えているのが、「衝動買い」です。

「衝動買い」というのは、ほしいと思ったら、あとさき考えずに買ってしまうことです。

ある国で、ペットショップに子犬や子猫をおかないのは、「衝動買いをふせぐためだ」と聞いたこともあります。

なぜ、衝動買いは、しないほうがいいのでしょう？

それは、衝動買いをすることが、かんたんに手ばなしたり、かんたんにすてたりすることに、つながりやすいからです。

エミちゃんが飼っていたルルを、思い出してください。衝動買いをしたわけではないかもしれませんが、入学いわいとして買われて、あまりにもかんたんに、見すてられてしまいましたよね。

子犬は、たしかにかわいいです。かわいいけれど、個性もあるし、性格もそれぞれ。

子犬から飼えば、この先、十五年はずっといっしょにくらすことになります。

子犬には、トイレの使い方や、こわしてはいけないもの、口に入れてはいけないものなど、いっしょにくらしていくためのさまざまなルールを教えなくてはいけません。

いがいと、手がかかります。

しぐさが愛くるしい子犬も、一年もたてば、成犬になります。

しつけをしてやらなければ、むやみにほえたり、わがままになったりして、気に入らなければ、かみつく犬になってしまうこともあります。

小型の犬種でも、さんぽはひつようです。毎日、運動をさせてやらなくてはなりません。

ブラシをかけて、つめも切ってやらなくてはなりません。

病気にならないように、予防接種もひつようですし、病気になれば、病院につれていかなくてはなりません。

その治療代は人間の治療代より、ずっと高くつきます。

引っこしをしなくてはいけなくなったら、犬といっしょにくらせる家を、さがさなければなりません。

当たり前ですよね、家族なのだから。

それに、自分が病気になったときに、犬の世話をしてくれる人も、あらかじめさがしておかなくては……。

ねっ、たいへんでしょ？

子犬を買うときには、そういうことも、ぜんぶひっくるめて、本当に最後までめんどうをみてあげられるかなと、よく考えなくてはならないのです。

あとさき考えずに買ってはいけないのです。

ペットショップで、子犬を売っていない国では、まず、自分はどんな犬種が飼いたいか、自分の生活に合った犬種はなんだろうと、考えるところからはじまります。

そして、新聞やインターネットで、ブリーダーをさがします。

良心的なシリアスブリーダーと出会うために、きっといくつかのブリーダーをたずねることになるでしょう。

ブリーダーも、愛着をもって育てた犬ですから、これから飼い主になる人が、その犬の飼い主として、ふさわしいかどうか、かんさつします。

ブリーダーは、買いたいという人と、よく話しあってから、子犬を売るかどうか決め、新しい飼い主も、じゅうぶん考えてから、家族として子犬をむかえ入れるのです。

「子犬から飼わなくてもいい。成犬でいい」という人や、「どんな犬種でもいい」という人は、アニマルシェルターに足を運びます。そこでも、飼い主として、ふさわしいかどうか、テストされることもあるでしょう。

理由はどうあれ、かんたんに手ばなしてしまいそうな人なら、犬をゆずることを、ことわる場合もあるそうです。

生き物を飼うことは、たいへんなことなのです。

かわいさだけがほしいなら、ぬいぐるみで、じゅうぶんではありませんか。いやされたいだけで飼うなら、声をかけてくれる、犬のロボットでもいいかもしれませんよね。

海外の国ぐにがどうであれ、日本でもいま、

「ペットショップでは生体販売をやめよう」

「全国の都道府県で、犬や猫の殺処分の数をゼロにしていこう」

という声があがっています。

私はカヤをむかえ入れたことから、ひさんな繁殖犬の現実を見聞きするようになりました。そして、「店先で生体販売をしている」ということが、いろいろな問題を引きおこすもとになっているのではないか、と思いました。

ペットショップが、店先での生体販売をやめて、動物愛護団体といっしょに仕事をするようになればいいな、と思っています。

じっさいに、そういうペットショップが出てきました。

そうした店では、犬を飼うのにひつような品物だけを売っています。トリミングサロンをおいて、犬が健康に生活するためのしどうや、しつけ教室などもおこないます。

さらに、店の中に、ボランティア団体が世話をする、保護犬の譲渡センターもあるのです。

「犬を見たい、犬に会いたい」という人は、譲渡センターで、いつでも犬たちを見ることができます。

犬を飼いたい人は、シェルターから保護犬をゆずりうけ、ほしい商品はペットショップで買います。ひつようなら、そこでトリミングをしてもらったり、しつけ教室に通ったりします。

そのように、「売る」と「ゆずる」のやくわり分たんをしても、ペットショップでは、じゅうぶん商売としてやっていけると思うのですが、みなさんは、どう思いますか。

そしていつか、アメリカやヨーロッパの国ぐにのように、日本にも、県や市が運営するアニマルシェルターが、できるといいなと思います。

同じ税金を使うなら、動物を殺すことではなく、保護して譲渡する活動に、いかしてほしいと思いませんか。

第4章

いのちを救(すく)う

パピーミルからの引き出し

カヤがうちに来たときには、かたほうの耳は、少し聞こえていました。

でも、そのあと、腸や耳の病気のえいきょうで、聞こえていたほうの耳も、とうとう、なにも聞こえなくなってしまいました。

両目も見えず、両耳も聞こえなくなってしまったのに、カヤはしょぼくれることもなく、私が歩くときの床の震動や、空気の動き方で、私の居場所をつきとめます。

つき出した鼻をヒクヒク動かして、においをたよりに、たくましく生活しています。

そんなカヤの強さに、私は感動しています。

けれど、目の病気になったときに、すぐ治療をしていれば、両目とも見えなくなることは、なかっただろうに。耳も、きちんとそうじしてもらっていれば、バイ菌で、ふさがることはなかっただろうに。

そんなくやしさも、わいてきます。

そのため、「カヤのように、使いすてにされる繁殖犬をへらすために、私になにかできることは、あるだろうか」と、しんけんに考えるようになりました。

そんなとき、私は「Ｓａｙ ＮＯプロジェクト」（生体販売に「ノー」と言おうプロジェクト）という活動があることを知りました。

その活動のパンフレットには、プロジェクトの目標として、つぎのように書いてありました。

＊パピーミルではたらかされる犬・猫をへらす
＊心身にきずを負わされる犬・猫をへらす
＊すてられる犬・猫をへらす
＊殺処分される犬・猫をへらす

そして、

「もし、〝犬や猫を買う〟という常識をかえることができるなら、不幸な犬や猫の数はへるのではないだろうか？　そのような思いから私たちは、知って・広めてもらうＳａｙ ＮＯプロジェクトを立ちあげました」

「できることは人それぞれですが、〝伝えること〟は、きっとだれでもできるはずです」と、書いてあります。

「私になにかできるだろうか」という問いの答えが、このパンフレットの中にありました。

そうだ、伝えることなら、私にもできる。

私は、このプロジェクトの代表者である斉藤智江さんに、話を聞きに行きました。

斉藤智江さんは、三十代のはつらつとした女性でした。

斉藤さんは、動物看護士・トリマー（犬の美容師）として、動物病院ではたらいたあと、二〇〇四年に、飼い主が自分で、自分の犬をあらうこともできるトリミングサロンをオープンさせた、ペットケアのプロです。

そして、動物愛護団体「ちばわん」のメンバーでもありました。

斉藤さんは、二〇一三年に、「Ｓａｙ ＮＯプロジェクト」を立ちあげました。

これまで、斉藤さんはちばわんのメンバーとして、パピーミル業者の倒産や、そこで飼われていた、繁殖犬のいたいたしいすがたを、数多く見てきました。そして、いったい、どこにいちば

NO

ぼくの命に値札を貼らないで

「Say NO プロジェクト」のステッカー。

ん大きな問題があるのかと考えたすえに、

「買わないことで、救えるいのちがあるんですよ」

ということを、伝える活動をはじめたのです。

トリミングサロンをはじめた斉藤さんは、二〇〇六年からちばわんのメンバーになり、はじめてパピーミル業者の廃業（仕事をやめること）に立ちあうことになりました。


ここからは、動物愛護団体のメンバーが、パピーミル業者やブリーダーにたいして、どんなふうにむきあってきたかを、お話ししましょう。


はじめてちばわんが、パピーミルから繁殖犬を引き出すことになったのは、二〇〇七年のことです。

「千葉県の茂原に、廃業するつもりの業者がいるんだけど、なんとかならない？」

ちばわんに、そんな連絡が入りました。

代表者の扇田桂代さんは、メンバーといっしょに、さっそく現地にむかいました。住所をたよりに車を走らせると、人里からはなれた畑のおくに、竹やぶがありました。

近づく前から扇田さんはなにか、ほかとはちがう、いやな気配を感じていました。その竹やぶの中に、ぽっかりと切りひらかれた場所があって、トレーラーハウス（中に住むことができるような、大きなキャンピングカー）が二台、とめてありました。

その中から、さかんに犬の鳴き声が聞こえます。あたりには、思わず吐きそうになるくらい、へんなにおいがたちこめていました。

じつは、ちばわんがかかわる前に、ほかの団体がここから、犬たちを救い出そうとしたことがありました。

この業者は、心臓の病気が重くなり、繁殖の商売をやめようと思っていたのです。そこで、ある動物愛護団体に、もう買い手もつかない繁殖犬を引きとってくれる人を、さがしてもらえないかと、相談したのです。

業者は、自分がしてきたことを、あまりおおっぴらにしたくありませんでした。やはり、どこかにうしろめたい気持ちが、あったにちがいありません。

ところが、その団体はテレビの関係者に、その業者のことを話してしまい、トラブルになってしまったのです。

業者は、その団体を信らいできなくなって、犬たちを引きわたすことを、やめてしまいました。

「パピーミル業者は、自分たちがどんなことをやっているか、わかっているので、さわがれたくないんです。仕事をやめるにしても、信らいできる愛護団体にしか、犬を引きわたしてくれないんですよ」

と、斉藤さんが説明してくれました。

ほとんどのパピーミルは、あまり人目につかないような場所にあります。住宅地の近くだと、「鳴き声がうるさい」とか「へんなにおいがする」といった苦情が出て、通報されやすいからです。保健所から、目をつけられないように、自分たちのことが知られないように、とても用心しているといいます。

ちばわんでも、トレーラーハウスの中に入ることができたのは、代表の扇田さんだけでした。

中に入れてもらえても、すぐに犬を引きわたしてくれたわけではありません。最初は、中に入って、犬たちを見るだけでした。そのあとは、何度か通いながら、業者と犬の引きとりの話をしていきました。

トレーラーハウスの中には、ずらっとケージがならんでつんであり、シェトランド・シープ・ドッグ（通称「シェルティー」）やビーグル、コリー、キャバリアなどの中型犬から、ゴールデン・レトリバーやグレートピレネーズといった大型犬まで、とにかく売れすじの犬が、ケージに入れられていました。

いっせいにほえたてていましたが、若くて、はつらつとした犬は、ほとんどいません。

なんの手入れもされていない様子で、シェルティーをはじめ、毛の長い犬たちは、全身によごれた毛糸の玉を、くっつけているようなじょうたいです。

どの犬もみな、何度も子犬をうんだことがある繁殖犬でした。

業者は扇田さんと話をしながら、本当に信用できる団体かどうか、チェックしていたようです。

一度、ほかの団体ともめたので、用心深くなっているのです。

けれど、扇田さんは明るく、親しみやすい感じの女性で、きついものの言い方は、けっしてしない人でした。むりに犬たちを引き出そうとしないで、業者と根気よく、きさくに話をつづけました。

扇田さんにしたら、弱っている犬や病気の犬だけでも、早く引き出して、治療をしてあげたいところでした。

けれど、どんなにひどい飼い方をしているといっても、犬は業者の所有物です。その人が「いいよ」と言った犬以外、許可なくつれ出してしまえば、どろぼうになってしまいます。

何度か通って、話をするうちに、やっと「見るだけ」から「一部の犬を引きわたす」というところにまで、こぎつけました。

扇田さんは、「つれていっていい」と言われた犬を、一頭、二頭とつれ出しては、犬をあずかるボランティアのメンバーにわたしました。

繁殖に使われていたお母さん犬のほか、つれ出した子犬の中には、目が青くて、生まれつき見えていない犬や、視力の弱い犬、ふつうなら、その犬種にはないような、まっ白な毛の犬もいました。

あずかりボランティアは、引きとった犬を、獣医さんにつれていき、病気やケガがあれば、治療してもらいます。

そして、家につれていき、人とのくらしになれてきたところで、新しい飼い主をさがしはじめるのです。

飼い主が見つかると、扇田さんはその業者に、

「あの子の新しい飼い主さんが、見つかりましたよ」

と、毎回、きちんとほうこくしていました。

そうした行動が信用されて、業者が「最後まで自分でめんどうをみる」と言っていた年よりの犬をのぞいて、八十頭以上いた繁殖犬をすべて、つれ出すことができました。

こうして、この業者は繁殖の商売をやめ、犬たちは殺処分されないですみました。扇田さんが最初にこの業者をたずねてから、じつに半年以上の時がたっていました。

「あのパピーミル業者だって、最初はまじめに、シェルティーの繁殖をやっていたみたいですよ」

斉藤さんが、ざんねんそうに言いました。

「じゃあ、どこでまちがって、パピーミル業者になってしまったのかしら？」

私は、斉藤さんに聞きました。

「ただ、安くて、かわいい子犬がほしいというお客さんには、パピーミルでうまされた子犬と、手をかけて育てた子犬のちがいを、わかってもらえなかったんじゃないでしょうか」

ペットショップに、子犬をならべてもらえば、そんなに手をかけた子犬じゃなくても、売れていきます。

「きちんと手間をかけても、価値をわかってもらえない。一生けんめい育てても、それほど、みとめてもらえない。それなら、楽をして、商売になるほうがいいと、思ってしまったんじゃないですかね」

それを聞いて、私は考えこんでしまいました。

「そうやって、パピーミル業者がどんどんふえて、ペットショップも、どんどんふえていきました。だから、犬があまってしまうんですよ」

と、斉藤さんは言いました。

そして、そのしわよせは、けっきょく犬たちに行くのです。

新しい飼い主さがし

ここで、ちばわんを例にして、動物保護活動をおこなっている、ボランティア団体の活動を、もう少しくわしく、しょうかいしましょう。

動物愛護団体が、新しい飼い主をさがしている犬は、廃業や倒産をしたパピーミルやブリーダーから、引きとってきた繁殖犬だけではありません。

保健所や動物愛護センター、たくさんの犬を飼いすぎて、どうにもならなくなった人などからも、引きとってきます。

そうした活動の中で、ちばわんには、てっていしていることがあります。それは、パピーミルやブリーダーが、廃業することを決めていなければ、そこから、繁殖犬や子犬を引きとらないということです。

パピーミル業者が、

「もう子犬をうめない犬だから、もっていって、もらい手をさがしてほしい」

と言ってきても、それにはおうじません。

パピーミル業者が倒産や廃業をしないうちに、いらなくなった犬を引きとれば、あいたケージに、新しい繁殖犬が入れられることになります。

不幸な繁殖犬を、また一頭、ふやすことになるのです。

ちばわんでは、「それは、パピーミル業者に、手をかしていることになる」と考えています。

だから、パピーミルやブリーダーが「廃業します」という届けを、役所に出して、繁殖の仕事をやめないかぎり、パピーミル業者から出る「いらない犬」を、むやみに引きとらないのです。

「犬がかわいそう、という気持ちだけで行動していたら、大事なことを見うしなってしまいます」

と、斉藤さんはきっぱりと言いました。

ちばわんは、犬や猫を保護できるシェルターをもっていません。

私ははじめ、保護活動をしているボランティア団体は、カヤがいた保護シェルターのように、引きとってきた犬たちをおいておく場所をもっているものとばかり思っていました。

おいておく場所がなければ、犬や猫を引きとってくることはできないと、思っていたからです。

では、シェルターをもっていないちばわんは、引きとってきた犬たちを、どこにつれていくのでしょうか。

すぐに、犬や猫を自分の家であずかる、あずかり担当のボランティアの家に、行くのだそうです。

犬や猫は、新しい飼い主が見つかるまで、そこで生活します。

ちばわんでは、あずかり担当のボランティアのことを、「あずかりさん」とよんでいます。

そして、動物愛護センターなどから犬たちを運ぶのは、あずかりさんとは、また別のボランティア、おもに運ぱんを担当する「運ぱんさん」です。

そのほか、譲渡会の会場のじゅんびをしたり、道具を用意したり、運営をしてくれるボランティアメンバー、「運営ボラさん」もいます。

譲渡会というのは、犬や猫を飼おうと思っている人たちに、保護犬や保護猫を、直接見てもらうイベントのことです。

「あずかることはできないけど、譲渡会のお手つだいはできます」

「車が運転できるので、運ぱんならやれます」
「みじかい期間なら、一頭だけ、あずかれます」

こんな感じで、ボランティアのメンバーは、それぞれができることを、むりをしないでやっています。

これは、どこの団体も同じです。ボランティアのメンバーは、自分ができることを、できるはんいでやっているのです。

いま、ちばわんのボランティアメンバーは、二五〇人以上を数えます。

その中で、あずかりさんは八〇人くらいいるのだそうです。

シェルターがなくても、八〇人のあずかりさんがいたら、たんじゅんに計算しても、八〇頭の犬を、あずかれるということになりますよね。

しかも、あずかっている犬は一頭とはかぎりません。二頭、三頭とあずかっている人もいます。

じっさいに斉藤さんは、いま、二頭あずかっています。これまでに、二十数頭あずかってきたそうです。

代表や副代表など、団体をまとめている人たちは、だれが、どういう犬をあずかっているか、何頭あずかっているか、わかっています。

動物愛護センターやパピーミルから、犬を引き出すときには、前もって、あずかりさんたちのじょうきょうをかくにんして、すぐにあずかれるかどうか、聞いておきます。

そして、引き出してきた犬は、そのまま、あずかりさんの家に行くというわけです。

もちろん、先に獣医さんに、つれていかなくてはいけないじょうたいの犬は、そうします。

ちばわんのあずかりさんたちは、つねに「いつでも犬をむかえ入れよう」という気持ちでいるそうです。

新しくあずかりさんになる人には、ベテランのあずかりさんが、いろいろなことを教えてあげます。

そして、おたがいにこまったことがあれば、助けあうことになっています。

大きなシェルターがある団体に引きとられても、そこにいる犬の数が多すぎたり、ボランティアの人数が少なかったりすると、さんぽやトイレの世話、それぞれの犬にひつような手あてが、行きとどかないことがあります。

犬たちを、ていねいに世話するには、たくさんの人の手が、ひつようなのです。

私は一度、東京・江戸川の川原でおこなわれている、ちばわんの譲渡会、通称「いぬ親会」を見学しに行ったことがあります。

会場に近づくと、川風がふいて、ここちよい川原の広場に、ひざしをよけるテントがいくつも立てられているのが、見えました。

この日、参加していたのは、下は、四か月のミックスの子犬から、上は十歳以上のテリアまで、ぜんぶで二十八頭。

もっとも多かったのが、体はおとなになったけれど、まだ少し子どもっぽさが残る、二歳から三歳のミックス犬でした。

一つのテントに四頭ずつ、あずかりさんのそばで、おとなしくすわっている犬もいれば、じゃれあって、ころがっている子犬もいます。

会場に足を運んできた人たちは、自由にあっちこっちのテントに行って、あずかりさんに、参加している犬の性格などを、ねっしんに聞いていました。

会場のすみでは、ボランティアのトリマーさんが、参加犬たちの足のうらの毛をカットしたり、つめを切ってあげたりしています。

自分が飼っている犬をいっしょにつれてきた人や、ちばわんの卒業犬も、たくさん来ていました。

自分の飼い犬をつれてきた人は、

「もう一頭、飼おうと思って、見に来たんですよ」

と言っていました。

前からいる犬と新しくむかえる犬が、仲よくできるかどうか、あいしょうを見るために、つれてきたのだそうです。

そして、気に入った犬がいれば、アンケートに書いて帰ります。

その日も、小学生の女の子が二人いる家族が、しんけんにアンケートを書いていました。

「どの犬が、気に入ったのかな」

私はそう思いながら、縁がつながることを願いました。

広々とした屋外ということもありましたが、明るいふんいきで、みんなが楽しそうにしているのが、とてもいんしょうに残りました。

ちばわんでは、ここだけでなく、いくつもの会場で、いぬ親会をかいさいしています。

いぬ親会で新しい飼い主が決まって、あずかりさんの家からもらわれていくと、動物愛護センターに保護されている犬を引き出してくることができます。

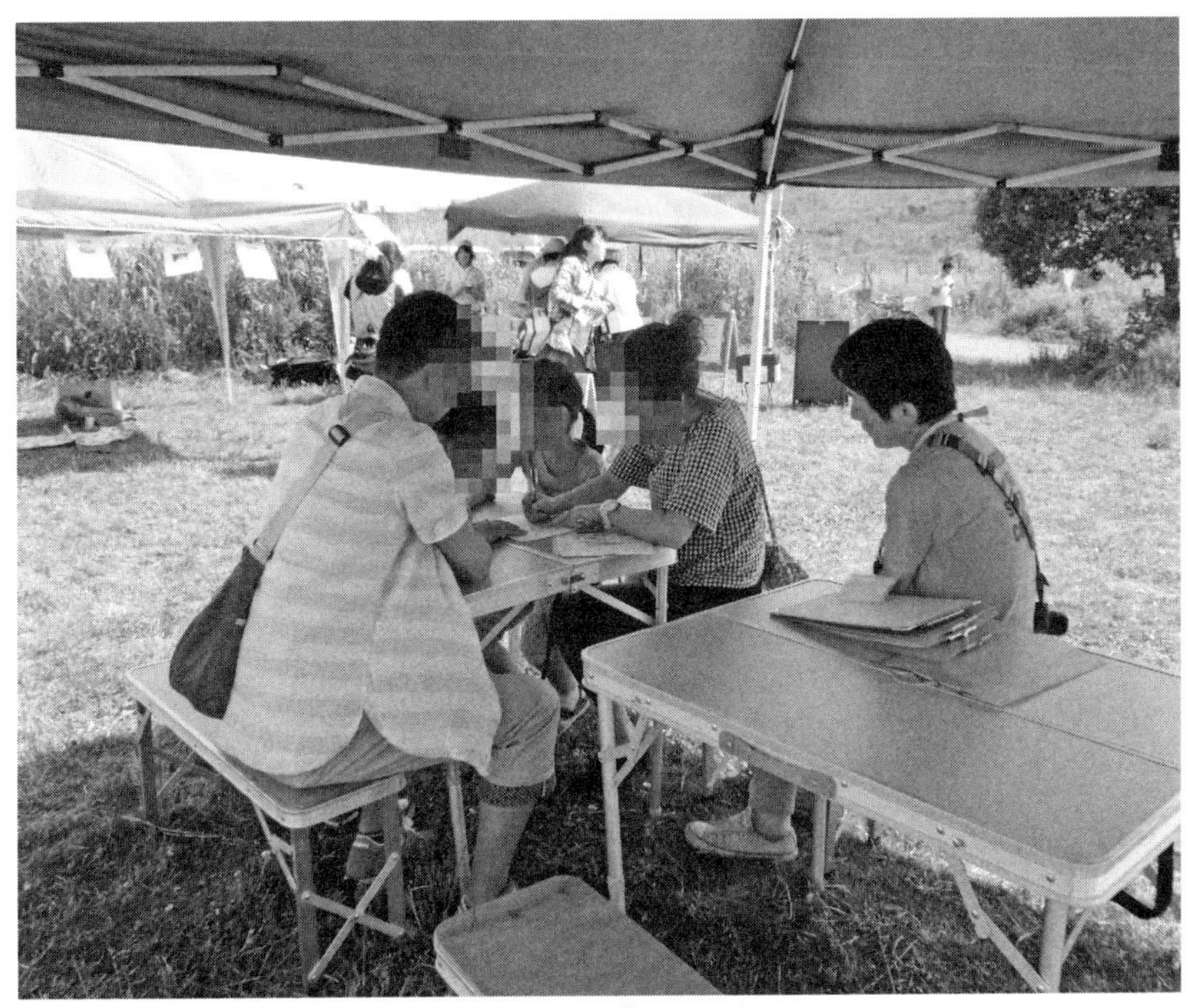
気に入った犬がいればアンケートに書きます。

保護活動をしている、どこの団体でもそうですが、一頭のもらい手が決まれば、ケージがひとつあくことになるので、また新しく保護犬をつれてくることができるわけです。

いくつもの動物愛護団体が、こうした地道な活動をつづけているのです。

きびしいじょうけん

私の家の近所に住む女性で、数年前に、飼っていた犬を亡くした人がいました。

その女性は、私に会うたびに、

「ねえ、犬がほしいんだけど、どこかで安く、手に入らない？」

と聞いていました。私が、

「飼い主を待っている犬なら、動物愛護団体にたくさんいますよ」

と言うと、その女性は言いました。

「だって、そういうところは、ひとりぐらしじゃ、だめだとか、じょうけんがきびしいでしょ。どんな生活をしているかとか、聞かれるのは、めんどうくさいんだもの」

私は、「安く手に入れたい」とか「じょうけんがあるのが、いやだ」ということばに、いい気持ちはしませんでした。

たしかに、保護犬の飼い主になるには、いろいろなじょうけんが、決められています。希望があれば、だれにでも、保護犬をゆずりわたす、というわけではありません。

どうしてだと思いますか。

それは、保護活動をしている人たちが、これまで、つらい生活をしてきた犬や猫たちが、また、すてられたり、苦しめられたりしないように、二度と同じようなつらさを、あじわわないように、とても気をくばっているからです。しあわせになってほしいと、願っているからです。

どの動物愛護団体も、譲渡会やホームページで気に入った犬がいたら、アンケートを書いてもらっています。

ちばわんでも、新しく飼い主になりたいという人に、アンケートを書いてもらいます。その内容は、とてもこまかくて、たとえば、

＊どんなところに、住んでいますか。

＊どれくらいの広さですか。

＊庭はありますか。

＊住んでいるところは、ペットを飼ってもいいところですか。

＊いっしょに住んでいる家族を教えてください。

＊いっしょに住んでいる家族の中に、犬が好きでない人はいますか。

＊おもに世話をするのは、だれですか。

＊犬の飼育経験はありますか。

＊犬を飼ったことがある人は、その犬について、教えてください。

＊犬はどこで飼いますか。室内で飼いますか。
＊家に犬だけになる時間（るす番）はありますか。
＊旅行などのとき、犬はどうしますか。
＊転勤や引っこしの可能性はありますか。

などなど。


これでも、すべてではありません。

アンケートの内容は、どこの動物愛護団体も、ほぼかわらないと思います。

そのほか、ちばわんでは、正式に飼い主になったあと、終生飼養はとうぜんのこと、かならずワクチンなどの予防注射をすること。子犬で、まだ不妊・去勢手術をしていない犬の場合は、かならず手術をすること。

そして、引きとったあと、犬がどんな様子かを、ときどきほうこくすることなどを、やくそくしなくてはなりません。

本当は、ペットショップで子犬を買うときも、このようなじょうけんがあってもいいと、思っています。

かんたんに手に入れることが、かんたんに手ばなすことに、つながりやすいのなら、かんたんに買わないように、やくそくごとを決めればいいのではないかと、思うのです。

こういうやくそくがめんどうだという人は、犬を飼わないことも、犬たちへの思いやりです。

「保護団体で、いろいろ聞かれるのが、めんどうだから」

「ショーケースに入れられている子犬が、かわいそうだから」

そう言って、ペットショップで子犬を買えば、あいたショーケースに、また同じように、子犬が入れられます。

「かわいそうだ」と言われる子犬はへりません。つらい生活をしているお母さん犬もへりません。

でも、めんどうでもアンケートに答えて、保護犬を引きとれば、殺される運命の犬が、一頭へることになるのです。

いのちのバトン

さて、こうしてあずかりさんたちが、世話をしていた繁殖犬は、その後、どうなったでしょうか。

ちばわんが、はじめてパピーミル業者から、引き出した繁殖犬のお話です。

斉藤さんは、その中から、一頭のシェルティーをあずかりました。

年は六歳か、七歳くらい。斉藤さんはその犬を、「ステラ」と名づけました。

茶色の美しい毛なみをもつシェルティーは、よく知られていますが、ステラは、黒いはんてんもようのある、めずらしい毛の色をしていました。

子犬の市場では、めずらしい毛の色のほうが、高く売れます。

そこで、パピーミル業者は、ステラに同じような毛の色の子犬を、うませようとしていたのでしょう。

じっさいにステラが、どんな子犬をうんでいたかは、わかりません。

そんなにめずらしい毛色だったのに、お母さん犬のステラは、毛の手入れもされず、腰のまわりに、フェルトのようにかたまった毛玉を、ぶらさげていました。

「あれだけひどいと、ブラシをかけるのがたいへんだから、ふつうは、全身にバリカンをかけて、はだかんぼうのように、してしまうんですよ」

と、トリマーでもある斉藤さんが、言いました。

「顔も美人だし、できれば、きれいな毛なみを残してあげたいな」

そう思った斉藤さんは、一生けんめいブラシをかけて、ていねいにシャンプーをしました。

パピーミルからつれ出してきて、数時間後のことです。

おそらく、ステラがパピーミルから出たのは、はじめてのことだったと思います。

なにがなんだか、わからないまま、いきなりシャンプーをされたステラ。

少しおびえたような表情をしましたが、人の手をこわがることなく、とてもおとなしくしていました。

「らんぼうされたことは、なかったんだな」

斉藤さんは思いました。

あらいあがったステラは、ふわふわとやわらかい毛をまとった、美しい犬になりました。

動物病院でしんさつしてもらうと、健康じょうたいに、問題はありませんでした。ただ、顔に小さなできものがあったので、それだけは、手術でとってもらいました。

ステラは、人に不信感をもっていないようでしたが、人と、どのようにせっしていいか、わからない様子でした。

斉藤さんはステラの前にも、何頭か保護犬をあずかったことがありますが、その中でもステラは、びっくりするくらい、おとなしい犬でした。

なんでもがまんするタイプでした。斉藤さんが、

「そこにすわってても、いいんだよ」

と言っても、おずおずと、えんりょしています。

感情を表にあらわしません。いつも表情がかたくて、うれしいのか、うれしくないのか、わかりませんでした。とくに、はじめて会う人にたいしては、無表情でした。

がまんづよくて、あまり感情をあらわさないのは、繁殖犬の特ちょうと言っていいかもしれません。

どんなにうったえても聞いてもらえず、がまんをしいられた生活の中で、うれしいとか、楽しいという感情をあらわすことを、すっかりわすれてしまうのです。

そんなステラでしたが、新しい飼い主さんは三か月くらいで、決まりました。

ある日、ちばわんのホームページで、ステラの記事を見たという家族が、斉藤さんのお店をたずねてきました。

たまたま、家が斉藤さんの店の近くだったので、直接、ステラのことを聞きに来たのです。

その家族には、小学生と幼稚園の子どもがいました。子どもたちは、犬が飼いたくてしかたないようです。

でも、お父さんが、すぐに「いいよ」と言いませんでした。

それを見て、斉藤さんは、

「お父さんは、犬を飼うことに、さんせいしていないのかな」

と思いました。

それでも、斉藤さんの店に、何度もステラの様子を見に来て、ねっしんに話を聞いて帰ります。

つらい思いをしてきた繁殖犬を引きとるということを、とてもしんけんに、考えてくれているようでした。

最終的にはその家族が、ステラを引きとることになりました。

あとになって、お父さんが、すぐに返事をしなかった理由が、わかりました。

それは、子どもたちに

「犬がほしいと思ったからといって、かんたんに手に入れられるものではないんだよ」

ということを、わかってもらいたかったからでした。

斉藤さんは、お父さんがそう話すのを聞いて、この家族なら、ステラを大切にしてくれるだろうと、思いました。

お母さんは、ちばわんのホームページを見たとき、はじめから「ステラはうちの子になるな」と感じていたそうです。

けっこんする前に、犬を飼ったけいけんのあるお母さんは、子犬のかわいさも、知っていました。犬とくらす楽しさも、知っていました。

でも、いのちの重さも、よくわかっていました。

お母さんが、こう話していたのが、いんしょうに残りました。

「動物のいのちは、お金でかんたんに買うものではないと、ずっと思っていました」

だから、ステラとさんぽをしているときに、ほかの人から、たびたび言われることばに、がっかりすることがありました。

「きれいな子ね。高かったでしょう?」

「いくらだったの?」

ステラが、繁殖犬だったことを知らない人たちは、めずらしい毛の色をした、美しいステラのすがたを見て、そう言うのです。

「犬の価値は、やっぱりお金で決まるのかな」

お母さんは、いつも少しさみしく思うのでした。

ステラは子犬のときから、ほかの犬とふれあったことがなかったからか、さん

ぽで、ほかの犬と会うのが、とても苦手でした。

ほかの犬が来ると、しりごみしてしまいます。

でも、やはり、とてもがまんづよくて、自分がいやなことをされても、いっさいほえませんでした。

どこかいたいのに、がまんしていることがあるかもしれません。だから、ステラの家族は、いつもみんなで、ステラの様子に気をつけています。

ステラはもう十三歳です。足腰が少し弱くなりました。

ステラといっしょに、パピーミルから引き出された犬は、ほとんど亡くなっています。

ステラの飼い主さんは、

「六歳で、パピーミルから救い出されてから、うちに来て七年がすぎました。私たちの家族としてすごした年数が、パピーミルにいた年数をこえられて、うれしいです」

新しい家族ができて、元気になったステラ。

と、語ってくれました。

斉藤さんから新しい家族へたくされた、ひとつのいのち。ステラの犬生の後半は、しあわせな毎日がつづいています。

エピローグ

いっしょにしあわせになるために

動物愛護団体「ちばわん」の活動をささえている考え方も、知って広める動物愛護「Ｓａｙ ＮＯプロジェクト」を立ちあげた、斉藤智江さんのお話も、じつは、私にとって、耳のいたいことばかりでした。

最初に私が飼った犬は、妹が友だちからもらった、ビーグルのミックス犬の子犬でしたが、そのあと飼った黒ラブは、ペットショップにたのんで、ブリーダーからとりよせてもらった犬でした。

私は、そのとき飼ったラブラドール・レトリバーという犬種の、頭がよくて、おだやかな性格が、とても気に入りました。

だから、「もう一頭飼うなら、この子の子どもがほしい」と思って、もらい手を決めてから、その黒ラブに、子犬をうませたのです。

子犬のお父さん犬は、警察犬訓練所のゆうしゅうなオス犬でしたが、私は、ゆうしゅうなシリアスブリーダーでもなく、たんなる、ふつうの飼い主にすぎませんでした。

さらに、この本の中に書いたように、三頭目の黒ラブは、店員さんに腹を立てて、ペットショップから買いとった犬でした。

この本で、伝えたかったことは、

「かんたんに繁殖をしないようにしましょう。それが、殺処分される犬たちを、ふやすことになりますよ」

「生体販売をしているペットショップで、子犬を買うことは、かわいそうな繁殖犬をふやすことに、つながりますよ」

ということでした。

でも、私はその「しないほうがいいこと」を、ぜんぶ、やってきたことになります。

私は以前、犬とのくらし方や、ペットにかんする本を書いたことがあります。その中でも、ペットを手に入れる場所として、「ペットショップがあります」と書いていたのです。

斉藤さんが言ったことばに、私は、ハッとしました。

「『自分は犬が好き』と言っている人たちが、けっきょくは、犬たちを苦しめているんです。犬が好きじゃなかったら、ペットショップには行きません。飼わなければ、すてることもしませんし、自分の欲で、子犬をうませることもしないですから」

カヤと出会うまで、私は、繁殖犬の本当のすがたを、きちんと知ろうともしませんでした。

子犬から飼う楽しさを、あじわっていたので、成犬から飼うことは、考えてもいませんでした。

犬たちがおかれている現実を、深く考えもしないで、犬を飼ってきたのだということを、私に気づかせてくれたのは、ほかでもない、繁殖犬だったカヤなのです。

成犬を飼うことが、こんなに楽だとは、思いませんでした。

それまで、その犬がどんなくらしをしていようと、心をこめてむきあえば、犬はちゃんと、なついてくれるものです。

カヤと出会って、いろいろなことを知った私は、これまでの反省をこめて、この本を書きました。

だから、みなさんも、これを機会に、ちょっと考えてみてください。

もし、犬や猫を飼いたいと思ったときには、どうか、思い出してください。生体販売をしているペットショップやブリーダーのほかにも、犬や猫と出会える場所があることを。

保健所や動物愛護センターでも、保護している犬や猫の譲渡会を、おこなっているところがあります。

自分が住んでいる地域の、保健所や動物愛護センターに、問い合わせてみてください。

また、ちばわんをはじめ、いくつもの動物愛護団体が、定期的に譲渡会をひらいています。

いまは、その店に行けば、いつでも、飼い主をさがしている犬や猫に会える、「保護犬カフェ」「保護猫カフェ」とよばれている店もあります。

そして、もしペットを飼うなら、最後まで愛情をもって、めんどうをみてあげてください。

さんぽを楽しむカヤ。

知って広める動物愛護活動に参加しよう！

この本を読んで知ったことを、お友だちやほかの人に伝えることも、活動のひとつです。本の感想文や、本を読んでかいた絵を送ってください。

送ってくれた人の作品を、小・中学生のための知って広めるプロジェクト「Ｓａｙ ＮＯプロジェクト広め隊」のホームページでしょうかいするほか、隊員の認定証やグッズを送ります。

感想文の送り先や、広め隊の活動のことは、つぎのホームページにのっています。お父さんやお母さんに、しらべてもらってください。

＊「いっしょにしあわせになるために――Ｓａｙ ＮＯプロジェクト広め隊」
https://imacoco201511.blogspot.com/
「Ｓａｙ ＮＯプロジェクト」公式サイト
http://sayno.html.xdomain.jp/

取材協力（順不同・敬称略）
斉藤智江、岩永貴浩、扇田桂代、吉田美枝子、大森由美子、飯塚みさ江、生島麻美、石井百合子、市川佳美、飯田淳子、岩田光子

写真協力
ちばわん・Say No プロジェクト（p9,31,35,37,97）
「ちばわん愛護センターレポート」より（p65,90,92,93）
石井百合子（p151）

装丁　藤田知子
表紙イラスト　山本重也
表紙写真：PPA ／アフロ

子犬工場

いのちが商品にされる場所

2015年11月20日第1版第1刷発行
2023年11月10日第1版第6刷発行

著　大岳美帆

発行所　WAVE出版
〒102-0074　東京都千代田区九段南3-9-12
TEL　03-3261-3713　FAX　03-3261-3823
振替　00100-7-366376
E-mail：info@wave-publishers.co.jp
http://www.wave-publishers.co.jp

印刷・製本　萩原印刷

NDC916 159P／22cm ISBN978-4-87290-965-4